U0309470

载人航天出版工程

总主编：周建平
总策划：邓宁丰

"十三五"国家重点出版物出版规划项目

航天飞行人－系统标准

陈善广　姜国华　陈　欣　王春慧　编译

中国宇航出版社

·北京·

图书在版编目(CIP)数据

航天飞行人-系统标准 / 陈善广等编译 . -- 北京：中国宇航出版社，2017.5

ISBN 978 - 7 - 5159 - 1325 - 4

Ⅰ.①航… Ⅱ.①陈… Ⅲ.①载人航天器—人-机系统—设计标准 Ⅳ.①V476.2 - 65

中国版本图书馆 CIP 数据核字(2017)第 126736 号

责任编辑	彭晨光		**责任校对**	祝延萍

出　版
发　行　　中国宇航出版社

社　址	北京市阜成路 8 号	邮　编	100830
	(010)60286808		(010)68768548
网　址	www.caphbook.com		
经　销	新华书店		
发行部	(010)60286888		(010)68371900
	(010)60286887		(010)60286804(传真)
零售店	读者服务部		
	(010)68371105		
承　印	北京画中画印刷有限公司		
版　次	2017 年 5 月第 1 版		2017 年 5 月第 1 次印刷
规　格	880×1230	开　本	1/32
印　张	9.625	字　数	261 千字
书　号	ISBN 978 - 7 - 5159 - 1325 - 4		
定　价	188.00 元		

《航天飞行人-系统标准》
编译委员会

总 策 划　陈善广　邓一兵

主　　译　陈善广　姜国华　陈　欣　王春慧

译　　者　（按姓氏拼音排序）

安　平	蔡　刿	陈海龙	陈文娟	董海胜
范永亮	费锦学	付元华	高郁晨	郭莉华
郭志峰	何思扬	黄端生	黄守鹏	贾向红
姜昌华	蒋　婷	康金兰	李　凡	李　昊
李建辉	李伟刚	李　桢	厉海涛	梁　宏
廖　苹	刘炳坤	刘　钢	刘洪涛	刘　梁
刘学勇	刘志刚	刘志臻	吕　柯	马洪波
马永洁	牛东滨	彭远开	曲丽娜	谭丽芬
唐志忠	滕　鹏	田志强	王　波	王宏伟
王惠娟	王建全	王　峻	王立志	王　丽
王林杰	王　政	吴大蔚	吴文才	武艳萍
夏循华	夏云峰	肖志军	徐　冲	徐立卿
徐永忠	许　峰	许玉林	闫慧炯	严　曲
杨艳艳	员丽霞	展文豪	张　兵	张建丽
张剑锋	张晓铀	张玉梅	赵　琦	周晓晶
祝　郁	邹　璐	左晓宇		

《载人航天出版工程》总序

中国载人航天工程自 1992 年立项以来，已经走过了 20 多年的发展历程。经过载人航天工程全体研制人员的锐意创新、刻苦攻关、顽强拼搏，共发射了 10 艘神舟飞船和 1 个目标飞行器，完成了从无人飞行到载人飞行、从一人一天到多人多天、从舱内实验到出舱活动、从自动交会对接到人控交会对接、从单船飞行到组合体飞行等一系列技术跨越，拥有了可靠的载人天地往返运输的能力，实现了中华民族的千年飞天梦想，使中国成为世界上第三个独立掌握载人航天技术的国家。我国载人航天工程作为高科技领域最具代表性的科技实践活动之一，承载了中国人民期盼国家富强、民族复兴的伟大梦想，彰显了中华民族探索未知世界、发现科学真理的不懈追求，体现了不畏艰辛、大力协同的精神风貌。航天梦是中国梦的重要组成部分，载人航天事业的成就，充分展示了伟大的中国道路、中国精神、中国力量，坚定了全国各族人民实现中华民族伟大复兴中国梦的决心和信心。

载人航天工程是十分复杂的大系统工程，既有赖于国家的整体科学技术发展水平，也起到了影响、促进和推动着科学技术进步的重要作用。载人航天技术的发展，涉及系统工程管理，自动控制技术，计算机技术，动力技术，材料和结构技术，环控生保技术，通信、遥感及测控技术，以及天文学、物理学、化学、生命科学、力学、地球科学和空间科学等诸多科学技术领域。在我国综合国力不断增强的今天，载人航天工程对促进中国科学技术的发展起到了积极的推动作用，是中国建设创新型国家的标志性工程之一。

我国航天事业已经进入了承前启后、继往开来、加速发展的关键时期。我国载人航天工程已经完成了三步走战略的第一步和第二步第一阶段的研制和飞行任务，突破了载人天地往返、空间出舱和空间交会对接技术，建立了比较完善的载人航天研发技术体系，形成了完整配套的研制、生产、试验能力。现在，我们正在进行空间站工程的研制工作。2020 年前后，我国将建造由 20 吨级舱段为基本模块构成的空间站，这将使我国载人航天工程进入一个新的发展阶段。建造具有中国特色和时代特征的中国空间站，和平开发和利用太空，为人类文明发展和进步做出新的贡献，是我们航天人肩负的责任和历史使命。要实现这一宏伟目标，无论是在科学技术方面，还是在工程组织方面，都对我们提出了新的挑战。

以图书为代表的文献资料既是载人航天工程的经验总结，也是后续任务研发的重要支撑。为了顺利实施这项国家重大科技工程，实现我国载人航天三步走的战略目标，我们必须充分总结实践成果，并充分借鉴国际同行的经验，形成具有系统性、前瞻性和实用性的，具有中国特色的理论与实践相结合的载人航天工程知识文献体系。

《载人航天出版工程》的编辑和出版就是要致力于建设这样的知识文献体系。书目的选择是在广泛听取参与我国载人航天工程的各专业领域的专家意见和建议的基础上确定的，其中专著内容涉及我国载人航天科研生产的最新技术成果，译著源于世界著名的出版机构，力图反映载人航天工程相关技术领域的当前水平和发展方向。

《载人航天出版工程》凝结了国内外载人航天专家学者的智慧和成果，具有较强的工程实用性和技术前瞻性，既可作为从事载人航天工程科研、生产、试验工作的参考用书，亦可供相关专业领域人员学习借鉴。期望这套丛书有助于载人航天工程的顺利实施，有利于中国航天事业的进一步发展，有益于航天科技领域的人才培养，为促进航天科技发展、建设创新型国家做出贡献。

2013 年 10 月

译者序

美国国家航空航天局（NASA）自 1958 年成立以来，先后成功
实施了水星计划、双子星计划、阿波罗计划、天空实验室、航天飞
机、国际空间站（与俄罗斯、欧洲、日本等国联合）等重大载人航
天项目，取得了举世瞩目的辉煌成就，为美国保持在国际航天领域
的领先地位做出了重大贡献。此辉煌成就不仅反映出 NASA 技术创
新的不断进步，也凝聚着 NASA 在项目科学管理上的成功经验。其
中，有三个方面特别突出：一是 NASA 不断总结项目管理的经验做
法，形成了一整套项目管理的组织架构以及科学化程序和方法，特
别是系统工程思想的发展、方法和过程的完善，极大提高了 NASA
项目研发的效率和实施效益；二是 NASA 高度重视技术基础和技术
体系建设，发展形成了规范工程/项目研发技术与管理活动的一系列
标准、程序、要求等，并根据实施中总结的经验教训和技术发展适
时修订形成新的版本；三是在载人航天任务中，NASA 自始至终倡
导并不断发展"以人为中心设计（Human Centered Design）"的理
念和方法，把人因工程（HFE，Human Factors Engineering）学科
纳入系统工程体系，先后推出 NASA 3000 系列人-系统标准
（Human-Systems Standard）、人-系统整合（HSI-Human Systems
Integration）设计流程以及适人性评价（Human Rating）要求等规
范，并竭力推动这些规范标准在项目/产品研发过程中的实施。航天
人因工程及人-系统整合方法在保障载人航天任务策划的科学合理
性、提升人信息加工和决策可靠性、减少操作失误、优化人机功能
分配和人机界面设计、实现人-系统整合协同高效工作以及提高系统

安全性等方面发挥了重要作用。

载人航天任务涉及航天器、测控通信、发射回收等多个方面，特别是由于航天员的参与使系统变得更为复杂，对人的安全性和操作的可靠性要求更高，是一项极为复杂的系统工程。从美俄早期的太空飞行来看，不管是联盟号飞船还是阿波罗计划，事故发生率很高，而后来的航天飞机任务还发生过两次机毁人亡的恶性事故。即便是最近几年，航天发射失利如天鹅座货运飞船爆炸、太空船2号失败等和国际空间站上出舱活动任务取消和推迟等事故依然不断。通过分析，绝大多数事故均可以追溯到对人的问题考虑不周造成的。因此，在载人航天领域，人因工程也是在不断总结失败教训中提高认识和逐步发展起来的。美国在初期的水星计划、天空实验室、阿波罗登月等任务中，重点分析解决人在太空中能否生存和工作的问题。航天飞机时期，NASA更加关注人因问题，不断总结以前任务工程实施中出现的问题教训和经验并植入到相关技术文件和要求中。人-系统整合的思想和方法开始形成，即在载人的系统/项目设计开发过程中要突出以人为中心的设计理念、充分考虑人的能力和局限性，以期提高系统安全和性能、降低研发成本。NASA于1985年就建立了人-系统标准NASA-STD-3000，1987年在约翰逊航天中心成立适居性和人因部门，作为航天人因工程的主要牵头单位。1991年为国际空间站（ISS）任务制定了航天人因工程发展计划（SHFE）。2005年推出人的研究计划（HRP），全面深入研究未来深空探测、登火星任务中的人因工程问题，引领国际航天人因工程领域的发展。与此同时，NASA在不同阶段先后推出了一系列相关标准规范并适时进行版本更新，如：NASA-STD-3001《航天飞行人-系统标准》第2卷《人因、适居性与环境健康》，《人-系统整合设计流程》（HIDP）和《航天系统适人性要求》（NPR8705.2B）最新分别于2011年和2012年进行了版本升级或修订。这些人-系统整合相关的标准规范大多借鉴了美国国防部（DoD）的做法，但DoD

多数与人相关的装备研发规范是强制的。NASA 直至目前还不像 DoD 那样严格要求，只有《航天系统适人性要求》是强制的。不过很显然，要贯彻适人性评价标准，遵循其他相关规范是最基本的。在 NASA 最近几年的载人项目管理中，HSI 的系列标准和规范得到了很好的贯彻，星座计划（Constellation Program）便是其中的典范，星座计划中的猎户座飞船、月面着陆器和 EVA 系统等在研发全周期中，均根据项目自身的实际采用或建立 HSI 规范化要求，并将 HSI 纳入到项目系统工程管理中。HSI 以人因工程学为学科支撑，不仅逐渐成为 NASA 全员的共识与理念，而且也是项目开发、管理人员遵循的规范和方法。相关资料表明，NASA 开展人因研究和人-系统整合的道路也并非一帆风顺，也是克服了许多模糊甚至错误认识才发展起来的。比如，一开始很多工程师/设计人员认为 HSI 太繁琐束缚了自己的手脚，认为自己能自然反映用户的全部需求，总凭自己经验和直觉进行设计，经常发生设计者与使用者（操作或维修人员）之间的角色混淆，不懂得使用需求的科学规范性，导致设计不能系统全面客观正确反映最终用户需求。有的认为"产品有缺陷没关系，下次再改进或还可以通过训练弥补"。这是人因学发展史上最典型的"人适应机"的过时观念，很容易导致安全和使用风险。HSI 强调"机适应人"，并且，要确保一次设计到位才能降低成本和风险。还有的要么认为"人与机器差不多，可以像简单检测机器一样来检测人的情景意识"；要么认为"人是不可靠的，要用技术取代人的功能"，对人与机的不同特性认识不清往往导致人机功能分配不合理。还有不少人认为，实施 HSI 增加了额外成本不划算，或者很多项目预算中就不包括这块经费，而没有认识到 HSI 在项目/产品全周期研发中避免了许多反复反而能大大降低成本。将 HSI 更高效地融合到项目系统工程管理中去并显示其在全周期研发中的高费效比，是 NASA 进一步努力的目标。

　　我国从 1968 年航天医学工程研究所成立开始就创立航天医学工

程学科，开展包括航天工效在内的有关人的问题研究。1981 年，在钱学森系统工程思想指导下创立了人-机-环境系统工程理论，这一理论与方法在理念与目标上与 HSI 很相似，其体现的系统工程思想与方法在我国载人航天任务中得到了有效的应用。1992 年我国载人航天工程启动时，设立了航天员系统并下设医学、工效学评价分系统，确立了"载人航天，以人为本"理念。经过 20 多年的实践发展，航天工效在研究内容、方法和工程应用上逐步走向成熟，形成了包括载人飞船、货运飞船、空间站舱内、舱外以及舱外航天服等一系列工效学设计要求与规范。目前为我国空间站工程研究制定了工效学要求和评价标准，而且成为工程大总体下发的要求。2011 年在中国航天员科研训练中心设立人因工程国家级重点实验室，标志我国航天人因工程进入新的发展阶段。航天工效和人因工程的发展为我国载人航天工程成功实施发挥了重要作用。

虽然我国对人因问题研究也很早，且自载人航天工程实施以来，从项目的顶层管理者到具体的工程设计人员对人的问题认识也在不断提高，但与 NASA 相比，我们还存在不少差距和问题，比如，从工程总体到各项目/产品层面对人因工程涉及的理念和方法理解不深，组织机构不健全、自上而下的推力不足，人-系统整合标准制度、技术体系不完善，在人因方向的技术基础较弱、投入保障不够，等等。"他山之石，可以攻玉"，基于此，我们组织编译了 NASA 人-系统整合与人因方面的相关文献和标准，这些文献反映了 NASA 在载人航天任务研发实施中多年来形成的思想、思维方法以及技术规范的最新成果。目前空间站工程研制在即，后续任务也在论证过程中，充分借鉴国际上成熟做法与成功经验，建立完善适合我国实际的人-系统整合相关技术体系，不仅十分迫切，同时对于推动我国载人航天事业的进步与发展意义重大。

感谢参加本译丛编译的全体人员，他们大多数是在工作之余挤出宝贵时间完成翻译编校工作的。

感谢载人航天工程办公室和航天员科研训练中心的领导和机关的大力支持！感谢中国宇航出版社为本译丛出版所做出的努力！

由于本译丛所涉及专业面宽、信息量大、标准术语较多，翻译难免有不一致或疏漏失误之处，敬请读者批评指正。

中国载人航天工程副总设计师
中国航天员科研训练中心 主任
人因工程重点实验室

2016 年 8 月

目　录

第1卷：乘员健康

第 2 卷：人因、适居性与环境健康

第 1 卷：乘员健康

NASA 技术标准	NASA - STD - 3001 第 1 卷，修订版
美国国家航空航天局 华盛顿，D. C. 20546 - 0001	批准日期：2014 - 07 - 30 替代 NASA - STD - 3001，第 1 卷

航天飞行人-系统标准
第 1 卷：乘员健康

测量体系识别：
无

NASA - STD - 3001，第 1 卷
文件历史记录

状态	文件修订	批准日期	出版情况
初始文件		2007 - 03 - 05	首次发行
修订	A	2014 - 07 - 30	2013 修订 这是一次完整的修订，主要变化如下： 辐射（标准更新） 减压病（新标准） 耗氧能力（标准更新） 直立性低血压（新标准）

公开发行无限制

前　言

　　本标准系美国国家航空航天局（NASA）为乘员提供健康与安全的环境而建立，并为飞行各阶段提供健康和医学程序而制定。这些标准的目的是优化乘员健康和效能，防止长期航天飞行造成的不良健康影响，从而促进整个任务的成功。

　　在本文件中，首席健康与医学官员办公室制定了载人航天飞行前、中、后各阶段的 NASA 飞行乘员健康标准。这些标准适用于所有 NASA 载人航天计划，而并非为任何专门计划而编制。然而，一些现行的计划，如航天飞机计划、国际空间站计划，通常能够满足这些标准的意图和目标，这些标准可能含有用于长期驻留任务以及近地轨道以外结构和目标任务的内容。尽管标准适用于所有载人航天飞行任务的飞行阶段，但也可以预料它对于长期月球和火星探测任务也是最适合的，因为在这些任务的设想中最需要关注的是空间环境暴露的复合有害效应。

　　本标准经核准供 NASA 总部和 NASA 各中心，包括各组成机构使用。

　　对标准中有关信息的咨询、改正或增补请通过 http：//standards. nasa. gov 的 NASA 技术标准体系"反馈"栏提交。

Richard S. Williams，M. D.

NASA 总部

NASA 首席健康与医学官

2014 年 7 月 30 日

1 范围

1.1 目标

根据 NASA 政策指令 NPD1000.3《NASA 组织机构》和 NPD8900.5《载人空间探索的健康与医学政策》的规定，NASA 建立了保护乘员健康安全的标准以及为航天飞行各阶段提供健康和医学程序的政策。NPD8900.1《载人航天飞行计划保障的医学实施职责》和 NPD8900.3《航天员内科和牙科观察研究与医疗护理计划》则规定了乘员健康和医学计划的具体条款。NASA 政策的目的是为乘员提供健康和安全的环境而制定标准，并提供航天飞行各阶段的健康和医学计划。制定标准的目的是最大程度优化乘员健康和工作能力，防止长期航天飞行引起的不良健康结果，从而促进整个任务的成功。本文件中，首席健康与医学官办公室（OCHMO）制定了 NASA 载人航天飞行前、中、后各阶段的乘员健康标准。

人-系统标准的建立是为了指导和聚焦制定航天飞行乘员健康要求，而健康要求是保护航天飞行乘员的一种手段。完整的航天飞行人体标准包括：《航天飞行人-系统标准，第 1 卷：乘员健康》和《航天飞行人-系统标准，第 2 卷：人因、适居性与环境健康》。这些标准组合起来提供了 NASA 载人航天器人宜居环境的技术要求、参与者（人类）的鉴定、必需的医疗护理水平、减小航天飞行有害效应风险的策略等。本文件中的标准包括医学护理水平、容许暴露限值、任务对身体健康的要求标准以及结果容许限值等定义人-系统成功操作准则的方法。这些标准有助于确保完成任务、减少发病率和降低航天飞行任务中的死亡风险。本文件体系的概览图见附录 A。

所有标准都基于已有的最佳科学和临床证据，以及阿波罗号、天空实验室、航天飞机、航天飞机/和平号（苏联空间站）联合飞行和国际空间站（ISS）任务的实际经验而建立。标准定期接受评估和审核，尤其是随着一个计划的实施概念和任务参数的定义，都有可能随着新证据出现而更新。

约翰逊航天中心（JSC）航天医学部为每个航天飞行计划制定关于乘员健康实施概念的文件，并与相关的项目经理协调，以达成一致。乘员健康实施概念大纲范例见附录 B。

乘员健康实施概念确定后，JSC 航天医学部为计划制定出医学实施要求文件（MORD），该医学实施要求文件对医学要求内容规定得很详细，并与乘员健康实施概念文件中的规定相一致。医学实施要求大纲示例见附录 C。

1.2　适用性

这些标准适用于所有的 NASA 载人航天飞行计划，并非为某种特定计划而制定。然而，虽然一些现行计划，如国际空间站计划，符合当前标准的意图和目标，但这些标准的目的可能适用于更长期驻留任务以及近地轨道（LEO）以外载人航天器任务。尽管这些标准适用于所有载人飞行任务的飞行阶段，但也期望其最适用于月球基地和火星探测任务，因为在这些任务中最需要关注的是空间环境暴露的复合致病效应。本卷详细说明的标准和技术要求能够：

·适用于所有与乘员有关的空间探测计划和活动；

·适用于独特的单独协议，如联合或多边合约中规定的国际上提供的空间系统；

·与 NASA 联邦采购条例（FAR）附录保持一致，只可通过合同条款、规范或工作报表适用于供应商，不作为供应商的直接指令；

·取代 NASA 其他标准提出的任何关于乘员健康要求的不一致之处。

该标准可供 NASA 总部以及 NASA 各中心（包括计算机硬件与技术服务支持中心）使用，作为技术要求可以被协议、合同、项目等其他代理文件引用；该标准也可用于喷气推进实验室以及其他合同、捐赠或协议特别提及的供应商、捐赠接受方或组织等。

所列出的需求采用"应当"这个词。从第 4 章开始，解说说明的指导性文字用楷体字标明。

1.3　剪裁

标准剪裁后应用于某些特殊专门项目和计划时，形式上应满足该项目/计划的需求，并且被 NASA 首席健康与医学官核准认可。

1.4　小结

本标准以系统性、整体性的观点来考量人体生理参数，犹如人们观察一个机械设备的制作和设计。这样，可以将人-系统视为整个载人航天器设计以及任务基准参考设计过程中不可或缺的部分。也应将人-系统作为一个连同许多其他系统一起保证航天器正常运行、任务圆满成功的系统。

本卷包括了与人-系统健康和成功操作有关的主要生理参数，但没有涵盖全部，不过它确实说到了人-系统在适应性反应或暴露于微重力时所呈现出特别脆弱的那些领域。本卷提出的标准是指导方针，用于指导制定正常操作参数范围内维持人-系统的需求。为达到这个目标，在飞行器设计、任务架构、对策以及未来定向研究中，都应该将本标准纳入考虑。当然，本标准中还有诸多不成熟之处，并且也并未在所有领域都得到充分认同，其原因可能是人类对一定规模和时间条件任务下的人-系统生理知识还缺乏了解，或许还有其他原因。在这种情况下，需引用具有顶层功能的标准，同时为了将标准定义得更为精准，还有待开展进一步的工作。

工程上经常可以看到系统故障的级联效应，人-系统也是这样的。

2　适用文件

2.1　概述

2.1.1　本标准所引用的文件应是最新版本，除非专门指定引用某一版本。

2.1.2　某些版本的失效应经过 NASA 首席健康与医学官核准。

适用文件可通过 http：//standards. nasa. gov NASA 技术标准系统获取，也可以直接向制定标准的组织或其他文件发行者索取。

2.2　政府文件

NASA

JSC－26546	NASA 国际空间站飞行医师训练与认证方案
JSC－27384	行为健康和执行能力项目计划定义与实施指导书
NASA—STD—3001，第 2 卷	航天飞行人-系统标准，第 2 卷：人因、适居性与环境健康
OCHMO 80771201MED	NASA 乘组医学选拔标准，卷 1——选拔和周期性鉴定
SSP 50667 A 卷	医学鉴定文件 A 卷——国际空间站乘组医学标准
SSP 50667 B 卷	医学鉴定文件 B 卷——国际空间站长期飞行乘组飞行前、中、后医学鉴定需求

SSP 50667 C 卷	医学鉴定文件 C 卷——航天飞行参与者医学标准和鉴定程序

2.3　非政府文件

无。

2.4　优先次序

当本标准作为要求使用或在项目、计划合同中强制执行时，若与适用性文件或参考性指导文件中所引用的技术要求有冲突，本标准的技术要求有优先权。

3　首字母缩写词及其定义

3.1　缩略词和缩略语

ACLS/ATLS	Advanced Cardiac Life Support Advanced Trauma Life Support	先进的心脏生命保障 先进的创伤生命保障
ACSM	American College of Sports Medicine	美国运动医学院
AED	Automated External Defibrillator	自动体外除颤器
ALARA	As Low as Reasonably Achievable	尽可能低
AMB	Aerospace Medical Board	航空航天医学委员会
ART	Assisted Reproductive Technology	辅助生殖技术
ATLS	Advanced Trauma Life Support	先进的创伤生命保障
BFO	Blood Forming Organism	造血器官
BHP	Behavioral Health and Performance	行为健康和执行能力
BMD	Bone Mineral Density	骨密度
BPMIF	Bench Press Maximal Isometric Force	卧推最大等长收缩力
BPP	Bench Press Power	卧推力
BPW	Bench Press Work	卧推做功
BW	Body Weight	体重
CDR	Commander	指令长
CEV	Crew Exploration Vehicle	载人探测飞行器
CMO	Crew Medical Officer	乘组医疗官
CNS	Central Nervous System	中枢神经系统
CPR	Cardiopulmonary Resuscitation	心肺复苏
CS	Crew Surgeon	乘组（外科）医生
DCS	Decompression Sickness	减压病
DEXAT	Dual Energy X – Ray Absorptiometry	双重能量 X 射线吸收测量法

续表

DMCF	Designated Medical Care Facility	特定医疗护理设备
DSS	Destination Service Segment	目的地服务舱段
DXA	Dual Energy X – Ray Absorptiometry	双能 X 射线吸收仪
EMS	Emergency Medical Services	应急医疗服务
EVA	Extravehicular Activity	舱外活动
FAR	Federal Acquisition Regulation	联邦采购条例
FCOD	Flight Crew Operations Directorate	飞行乘组实施理事会
FFD	Fitness for Duty	适于任务
FMC	Flight Medicine Clinic	飞行医学医疗中心
FS	Flight Surgeon	航天医生
g	Gravity	重力
GCR	Galactic Cosmic Rays	银河宇宙射线
GSP	Ground Support Personnel	地面支持人员
HQ	Headquarters	总部
HSP	Health Stabilization Program	健康稳定计划
IKKE	Isokinetic Knee Extension	等速膝关节伸展
ISS	International Space Station	国际空间站
JSC	Johnson Space Center	约翰逊航天中心
KE	Knee Extension	伸膝
KEMIF	Knee Extension Maximal Isometric Force	膝关节最大等长收缩力
kg	kilogram(s)	千克
LEO	Low Earth Orbit	近地轨道
LMS	Life and Microgravity Spacelab	生命科学和微重力天空实验室
LP	Leg Press	压腿
LPMIF	Leg Press Maximal Isometric Force	压腿的最大等长收缩力
LPP	Leg Press Power	压腿功率
LPW	Leg Press Work	压腿做功
m	Meters	米

续表

max (Subscript)	Maximum	最大
MCC	Mission Control Center	任务控制中心
MED	Medical Evaluation Documents	医学评估文件
MIR	USSR Space Station	苏联空间站
min	Minute	分钟
ml	Milliliter	毫升
MOD	Mission Operations Directorate	任务运营理事会
MORD	Medical Operations Requirements Document	医学实施要求文件
MOSIPs	Medical Operations Support Implementation Plans	医学实施保障执行计划
MPB	Medical Policy Board	医学政策委员会
MPCV	Multi-Purpose Crew Vehicle	多功能载人飞行器
NASA	National Aeronautics and Space Administration	美国国家航空航天局
NCRP	National Council on Radiation Protection	美国国家辐射防护委员会
NPD	NASA Policy Directive	NASA 政策指令
NPR	NASA Procedural Requirements	NASA 程序要求
OCHMO	Office of the Chief Health and Medical Officer	首席健康与医学官员办公室
Ops	Operations	实施
OSHA	Occupational Safety and Health Administration	职业安全与健康管理
PAWS	Performance Assessment Workstation	效能评估工作站
PB	Prebreathe	预呼吸
PCBA	Portable Clinical Blood Analyzer	便携式临床血液分析仪
PEL	Permissible Exposure Limit	允许暴露限值
PFCs	Private Family Conferences	私人家庭会议
PMC	Private Medical Communication/ Conference	私密医学通话/会议
POL	Permissible Outcome Limits	结果容许限值
PPC	Private Psychological Conference	私人心理会谈
PPE	Personal Protective Equipment	个人防护装备

续表

PRD	Program Requirements Document	计划需求文件
PSI	Pounds Per Square Inch	磅/平方英寸
RBE	Relative Biological Effectiveness	相对生物效应
REID	Risk of Exposure – Induced Death	暴露致死风险
SD	Standard Deviation	标准差
SMS	Space Motion Sickness	空间运动病
SPE	Solar Particle Event	太阳粒子事件
SPEL	Space Permissible Exposure Limits	空间容许暴露限值
SSP	Space Station Program	空间站计划
STD	Standard	标准
TV	television	电视
U. S. /US	United States	美国
VGE	Venous Gas Emboli	静脉气栓
VO	Volume of oxygen	耗氧量
WHO	World Health Organization	世界卫生组织
WinSCAT	Spaceflight Cognitive Assessment Tool for Windows	空间飞行认知能力评估工具（Windows）

3. 2 定义

T 值代表与 30 岁健康个体相比骨密度变化程度。骨密度在 30 岁达到峰值，理想状况是终生保持这个水平。骨密度降低会使骨折风险增加。T 值以标准差（SD）为单位，（＋）或（－）代表着与 30 岁水平相比增减情况。该值很重要，用来衡量和解释骨密度。

戈瑞（符号：Gy）衡量电离辐射剂量的国际单位（SI），代表每 1 千克质量物质吸收 1 焦耳放射能量的辐射吸收剂量（国际单位制，SI）。

4　要求

4.1　医疗护理等级

医学上用两个典型的词语来论述医疗护理：所能提供的护理等级和护理标准。这是两个不可互换的术语，"护理等级"指基于对需求的理解和护理提供者的能力所提供的护理的量和类型；而"护理标准"则是护理基准，是现行临床实践提供的护理。其他护理分级基本原理见附录 D。

某个特定航天飞行任务期间的护理级别取决于以下因素：

·医护提供者的训练水平；

·严峻环境下能实现的医疗护理技术及其先进程度；

·从目前平台到后处理位置的时间；

·任务期限；

·执行任务乘组的健康情况和工作表现；

·任务类型，包括飞行器、质量、驻留时间、舱外活动和任务目标；

·任务/计划对医学风险的可接受体系（乘员健康实施概念和医学实施要求文件）；

·疾病或损伤的医学风险；

·地面医疗标准。

除实际载人航天飞行外，飞行任务训练环境也存在一定固有风险。真空舱、中性浮力水中操作、飞行操作、飞行轨迹匹配试验、生存训练以及其他类型训练可能都有类似风险和顾虑，因此这些环境训练可能也要纳入护理级别考虑的范畴。

4.1.1　零级护理

不存在可预料的健康或生存威胁，亦无计划减少任何风险的医学保障。当前的载人航天任务或航天器，均不存在此级别护理，但有些训练的护理属于此类。零级护理不需任何特殊的医学保障，如无害性训练活动就是零级护理。T - 38 飞行，尽管以航空的观点看对人体是有害的，但并不存在无法抵抗的医学风险或威胁，因此，只配置救生包，而不配置用于减少可预料医学风险的医疗救生包。

4.1.2　一级护理

在训练或任务中存在很小的可预料健康或生存威胁，允许进行医学干预，实行确定性处理所需的时间相对较短、距离相对较近，不需更高级别护理。一级护理需要最低（基本生命保障）的急救能力和后续医学保障实施计划 。

在救生训练、近地轨道中航天器转移（如航天飞机或乘员探测飞行器向国际空间站运送乘员）或亚轨道飞行中，应提供一级护理。

4.1.3　二级护理

在训练或任务过程中存在中度风险，人员可能出现医学问题。

4.1.3.1　为降低风险，必须采取预防对策。

4.1.3.2　乘员罹患更严重的疾病或损伤返回地球时，为将风险降低到可接受水平，必须采取干预对策。

4.1.3.3　除了基本生命支持，二级护理应该提供临床诊断和门诊治疗能力。

除了常规门诊治疗，应准备药物和设备处理偶发的医学问题，如毒物暴露。相对于长期暴露于微重力环境的飞行任务，短期飞行无在轨医学评估的硬件需求。

4.1.3.4　近地轨道飞行少于 30 天（如航天飞机单独任务）时，必须为乘组提供二级护理。

4.1.4　三级护理

在训练或任务过程中存在中度偏高的风险，人员可能出现医学问题。

4.1.4.1　为更大程度地降低全面风险，必须采取预防对策。

4.1.4.2　为将风险降低到可接受水平，必须采取干预措施，从药物和设备方面提高护理水平，包括有限进一步生命支持、创伤治疗、有限的口腔治疗能力。

受消耗品、训练以及飞船参数等所限，在任何时段对关键疾病或外伤的乘员维持救治能力是有限的。

4.1.4.3　必须有当乘员返回地球时将之转移到特定医疗护理设备的计划。

4.1.4.4　情况可行时，必须具备将在轨罹患更严重疾病或损伤的乘员送回地面的能力。

也期望所有执行发射和着陆应急救护的全体救援人员都能提供该等级的护理。

4.1.4.5　必须为执行近地轨道以外短期航天飞行任务（如月球/行星任务小于或等于 30 天）的乘组提供三级护理。

4.1.5　四级护理

在轨飞行过程中存在中度偏高的潜在风险，乘员可能出现医学问题，其医学风险远大于常规门诊医疗处置能力。

4.1.5.1　为更大程度地降低所有风险，必须采取预防对策。

对于慢性疾病的医学治疗能力是有限的。

4.1.5.2　必须采取干预对策将风险降低到可接受水平，必须从药物、设备、训练、消耗品等方面提高护理级别的水平，其水平要高于前述护理级别。

4.1.5.3　由于供给、消耗品的可用性或任务风险，该级医疗护理可用范围需受限或被筛选。

对于更严重的疾病或损伤，返回地球并不总是可行，而且需要数日而非数小时，对整体任务的影响较大。

4.1.5.4　30～210 天的月球/行星（星球表面驻留）任务以及近地轨道驻留 30 天以上的任务（如国际空间站）必须提供四级护理。

4.1.6　五级护理

任务期间，在轨的某个时段存在高级别潜在风险，乘员可能出现医学问题。

4.1.6.1 必须采取预防对策，更大程度地降低所有风险。

对于慢性疾病的医学治疗能力是有限的。

4.1.6.2 必须采取干预对策将风险降低到可接受水平，必须从药物、设备、训练、消耗品等方面提高护理级别的等级，其等级要高于前述护理级别。

4.1.6.3 由于任务特有的自主医疗特性，护理人员的训练和技能应达到医师级别。

4.1.6.4 由于供给、消耗品或任务风险所限，该级医疗护理可用范围需受限制或被筛选。

对于更严重的疾病或损伤，返回地球不可行，对整个任务影响较大。

4.1.6.5 210 天以上的月球/行星（星球表面驻留）任务必须提供五级护理。

4.1.7 护理中止

NASA 应当要有中止护理的政策和程序。

4.2 人效能标准

4.2.1 概要

为支持"探测构想"，指导并尽力保护航天乘员健康，特制定航天飞行中人的效能健康标准。标准明确了航天飞行中对乘员健康和效能有害的医学风险的可接受程度，有助于确立生物医学研究和技术研发努力的目标和优先次序，提供了乘员在轨健康维护和保障产品的目标参数，对提高操作要求和航天器设计要求、辅助做出飞行中医学决策也都有一定的作用。

本标准基于已有的最佳科学证据和临床证据。在标准制定过程中，全面考虑了研究发现、先期航天飞行和类似环境条件下的经验教训、现行医学实践标准、风险管理数据以及专家建议。本标准的建立过程借鉴了美国职业安全及健康管理署的程序，但为了满足空间探测和NASA 任务对人健康的独特要求和特点，对该程序进行了裁剪。

必须对这些标准定期评审，其可能随新证据的出现而更新，也可能随新需求的出现或识别而增加新的标准。

附录 F，航天飞行人的工作能力健康标准原理给出了标准内容和支持信息的附加说明，该说明将有助于指导行动。

4.2.2　标准类型

4.2.2.1　适于任务（FFD）——给定生理或行为参数的最低可测量能力，满足这个参数时，就可以完成所有任务。判定方法为机能测量。

4.2.2.2　空间容许暴露限值（SPEL）——一定时段内（如一生辐射暴露）暴露于一个航天飞行因素的可量化限值。判定方法为物理/化学试剂测量。

4.2.2.3　结果容许限值（POL）——对暴露于空间环境中的飞行乘组飞行中或飞行后生理或行为参数的最大可接受负面改变。判定方法为生物学或临床参数（如骨密度）测量。

4.2.3　适于任务的机体耗氧量标准

4.2.3.1　乘员飞行前最大耗氧量必须达到或高于 32.9 mL·min^{-1}·kg^{-1}。

4.2.3.2　利用对抗措施或工作操作来维持飞行中的有氧能力，通过直接或间接方法测量，有氧锻炼耗氧量应达到飞行前的 75% 或以上，且不能低于 32.9 mL·min^{-1}·kg^{-1}。

4.2.3.3　飞行后再适应的目标是，最大耗氧量达到或超过飞行前水平。

4.2.4　适于任务的感觉运动标准

4.2.4.1　飞行前应评估感觉运动功能，其必须在同年龄、性别航天员群体正常值范围内。

4.2.4.2　飞行中适于任务的标准必须以任务中的高风险活动性

质为指南。

4.2.4.3 必须采用任务专门衡量标准进行评估。

4.2.4.4 必须从操作层面上详细说明感觉运动性能的每种度量限值。

4.2.4.5 维持机体功能的对抗措施不得超过体能限值。

4.2.4.6 飞行后感觉运动功能再适应目标为回到基线值。

4.2.5 适于任务的行为健康和认知标准

4.2.5.1 飞行前、中、后乘员行为健康和乘员认知状态必须在临床评估可接受值内。

4.2.5.2 任务结束后的再适应目标为必须过渡到飞行前认知状态水平。

4.2.5.3 任务结束后乘员行为健康的再适应必须以融入地面工作、家庭和社会为目标。

4.2.5.4 为确保乘员持续健康与安全，必须设定计划完成关键任务和事件的小时数、工作日、睡眠时间的限值。

4.2.6 适于任务的血液学和免疫学标准

4.2.6.1 发射前的血液功能、免疫功能应在普通健康人群正常范围内。

4.2.6.2 飞行中的对抗措施必须保持血液/免疫参数在正常范围内，参数测定可采取直接方法也可采取间接方法。

4.2.6.3 必须研发对抗措施和监测手段，来保证免疫和血液参数值维持在临界值之外，到达临界值即意味着免疫系统和血液系统出现明显的问题。

4.2.6.4 飞行后再适应应以达到飞行前基数为目标。

4.2.7 营养结果容许限值标准

4.2.7.1 必须对乘员飞行前的营养状况进行评估，任何营养缺乏发射前都要得到缓解。

4.2.7.2 飞行中营养摄入不得低于营养需要计算值的 90%，个体营养要基于年龄、性别、体重（kg）、身高（m）以及活动系数1.25。

4.2.7.3　营养计划必须达到的目标：将乘员体重和体成分维持在飞行前的90％以上。

4.2.7.4　飞行后营养评估与再适应以回到基线状态为目标。

4.2.8　肌肉力量结果容许限值标准

4.2.8.1　飞行前肌肉力量和功能必须在同年龄、性别航天员群体正常值范围之内。

4.2.8.2　对抗措施必须能使飞行中骨骼肌力量维持在基线的80％或以上。

4.2.8.3　飞行后骨骼肌再适应以回到骨骼肌力量的基线值为目标。

4.2.9　微重力导致骨矿物质丢失的结果容许限制标准（以 T 值测量值为基线）

4.2.9.1　采用双重能量 X 光吸收测量法测定乘员飞行前骨密度，T 值不超过 -1.0（低于骨密度均值 -1.0 个标准差）。

4.2.9.2　飞行中对抗措施的目标：骨质量必须保持与结果限值一致。

4.2.9.3　飞行后（任务结束）测定乘员质量，采用双重能量 X 光吸收测量法，T 值不超过 -2.0（低于骨密度均值 -2.0 个标准差）。

4.2.9.4　飞行后再适应骨质量以回到飞行前基线值为目标。

4.2.10　空间飞行中空间辐射暴露标准的航天允许暴露限值

4.2.10.1　在航天员的整个职业期间，其计划的职业电离辐射暴露，在95％的置信区间，暴露致死风险（REID）导致的癌症死亡率不超过3％，以限制其累积有效剂量限值（单位为Sv）。

本标准附录F9给出了辐射标准的支持资料。

4.2.10.2　计划照射量不得超过表1《短期或职业的相对生物效应的剂量限值》中给出的职业和短期限值。

表2《晶状体、皮肤、BFOs 和循环系统的相对生物效应

（RBE）》包含了晶状体、皮肤、造血器官（BFOs）和循环系统的相对生物效应（RBE）。请注意，虽然使用了 Gy 当量来限制这些非癌效应（表 1），但是中枢神经系统（CNS）的相对生物效应（RBE）值很大程度上不清楚，因此，使用了物理剂量限值（mGy）。对于电荷 Z＞10（表 1）的粒子还使用了允许暴露限值（PEL）。本标准中的附录 F9 列举了辐射标准的支持资料。

表 1　短期或职业相对生物效应的剂量限值（mGy - Eq. 或 mGy）

器官	30 天限值	1 年限值	生涯限值
晶状体 *	1 000 mGy - Eq	2 000 mGy - Eq	4 000 mGy - Eq
皮肤	1 500	3 000	6 000
造血器官	250	500	不适用
心脏 * *	250	500	1 000
中枢神经系统 * * *	500	1 000	1 500
中枢神经系统 * * * （Z≥10）	—	100 mGy	250 mGy

注 * 晶状体限值是为了预防早期（＜5 yr）严重白内障（如来自太阳质子事件）。在较低剂量宇宙射线的情况下，存在着引起亚临床白内障的危险，在长潜伏期（＞5 yr）后可能发展为重型白内障，并且采用现有治疗措施不能减缓其发生，但认为这些问题是可以接受的风险。

　　 * * 心脏剂量根据心肌和临近动脉平均值计算。

　　 * * * 中枢神经系统限值由海马的计算剂量限值得到。

表 2　晶状体、皮肤、造血器官和心血管系统相对生物效应[a]（RBE）值

放射类型	推荐的 RBE[b]	范围
1～5 MeV 中子	6.0	（4～8）
5～50 MeV 中子	3.5	（2～5）
重离子	2.5[c]	（1～4）
质子 ＞ 2 MeV	1.5	—

注：[a] 在某些组织器官，远期确定性效应的 RBE 值要高于早期效应。

　　[b] 小于 1 MeV 或大于 25 MeV 的中子基础 RBE 值数据尚不足。

　　[c] Z＞18 离子的组织效应数据不足，铁离子（Z＝26）RBE 值接近于氩（Z＝18）。小鼠动物实验提示高 RBE 值导致白内障。

4.2.10.3　循环系统和 CNS 非癌疾病的终身致死性风险不应该超过表 1 定义的职业剂量限值。

4.2.10.4　空间探索类任务的辐射暴露限值应由 NASA 定义，其依据是美国国家科学院医学研究所和国家辐射防护委员会（NCRP）应 NASA 要求提供的建议。

4.2.10.5　飞行中的辐射剂量限值制定采纳能实现的最低（ALARA）原则。

4.2.11　适于任务的立位低血压标准

应用所有的对抗措施（如补液、压力服等）减轻或抵消立位低血压导致的晕厥/晕厥前症状对执行关键任务的影响。

4.3　健康和医学筛查、评估和鉴定

·必须提供一个健康保健综合计划，最大程度地减少健康问题的出现，保证乘员健康、高效地完成任务目标。

·对于每次飞行计划，约翰逊航天中心航天医学部都必须制定出乘员健康、医学安全和生活保障要求。

4.3.1　初次选拔要求

NASA 乘员医学标准包括初次选拔标准，初次选拔标准由医学政策委员会主席批准。

·航天员选拔初次医学审查、测试和鉴定必须由约翰逊航天中心飞行医学医疗中心（FMC）和航空航天医学委员会（AMB）实施，参见 NASA 乘员医学标准第 1 卷和 JSC 27384 行为健康和执行能力项目计划定义和实施指导书。

·约翰逊航空航天医学委员会（AMB）和 NASA 医学政策委员会（MPB）必须对此过程的医学标准和程序定期评审、完善和更新。

不同类型任务（长期、短期）的入选和未入选标准是不同的。

4.3.2　医学鉴定和评估

1）乘员医学检查和鉴定应定期由专门负责机构实施。

2）这些评估应依据如下文件：

・NASA乘员医学标准，第1卷（OCHMO 80771201MED）；

・医学评估文件A卷——ISS乘员医学标准（SSP 50667）；

・医学评估文件B卷——ISS长期飞行乘员飞行前、中、后的医学评估要求（SSP 50667）；

・医学评估文件C卷——航天飞行参与者的医学标准和鉴定程序（SSP 50667）。

3）豁免应根据JSC的AMB程序批准。

4）对于超过6个月的豁免以及永久性医学不合格，由NASA医学政策委员会（MPB）主席审核批准。

4.4　医学诊断、干预、治疗和护理

・所有乘员在疾病和损伤时都必须得到医学诊断、干预、治疗和护理；

・地面护理必须与现行美国医学标准一致，由飞行医学医疗中心（FMC）管理；

・航天医学部确定飞行医生后，定选乘员的医学干预和护理必须由指定飞行医生开始负责管理；

・飞行中应对所有乘组乘员实施干预和护理，在计划和任务容许的前提下，所接受的医学干预和护理必须尽量与现行美国医学标准接近；

・乘组飞行中的医学干预和护理等级必须在本文件4.1节所规定的等级内。

4.4.1　训练部分

・为保障航天飞行期间乘员的健康，必须提供全面的医学训练计划；

・预备航天员、定选乘员、飞行医生、任务控制保障人员及其他地面支持相关保障人员（如飞行指挥、顾问）必须由约翰逊航天中心医学部为其提供医学训练。

4.4.1.1　航天员训练

·从成为预备航天员这年起，就必须为这支航天员队伍提供常规医学训练；

·应关注急救、心肺复苏（CPR）、高空生理训练、二氧化碳暴露训练等项目，熟悉医学问题和航天飞行程序、心理训练等；

·应提供生理调节指导训练。

4.4.1.1.1　分配飞行任务的乘组和非乘组医学官员的医学训练

·必须为已接受任务指派的乘组提供更详细和专业的医学训练；

·训练内容应包括健康维护、航天生理学、医学程序、医学设备、毒理学和对抗措施等；

·这一条应在乘员专门训练文件中予以明确。

4.4.1.1.2　分配飞行任务的乘组和乘组医学官员的训练

·每个定选的乘组必须至少指定两名乘员为乘组医疗官（CMOs）。

·CMOs须接受专门训练，以便在飞行中发挥医务人员的作用。CMOs在飞行中的主要是在私密医学通话（如诊断程序、治疗程序、医学设备、药物清单的使用和不测事件）中发挥沟通的作用。

4.4.1.2　乘组医生训练

必须对指派担任支持航天计划项目的 NASA 和/或合同航天医生（FS）进行训练，并认证资格，训练和资格认证按飞行医学实施支持训练和资格认证计划规定实施，比如，JSC－26546《NASA 国际空间站乘组医生训练和认证计划》。

对于科目计划，训练课程包括任务控制人员资格认证、先进的心脏生命保障/先进的创伤生命保障（ACLS/ATLS）、飞行给药程序、航空航天生理学、航天医学、高压医学、灾难应急反应。

4.4.1.3　医学实施飞行控制人员训练

任何任务控制中心（MCC）的医学实施人员都要求完成培训，并得到医学实施飞行支持培训与资格认证计划规定要求的认证资格。

4.4.1.4　其他保障人员训练

对于需要了解航天医学知识或飞行医学程序的人员，如飞行指挥、医学顾问以及约翰逊航天中心医学部认为有必要训练的人员必须实行监督训练。

4.4.1.5　应急医疗服务（EMS）

·必须在计划的医学实施要求文件或类似文件和在计划需求文件（PRD）或类似文件中向外界机构提出应急医疗服务的任务需求，并确保任务完成。

·必须对执行发射操作的应急医疗服务人员的训练进行资格认证，必须与具有专门应急医疗服务训练计划的机构合作，以支持NASA的航天飞行计划。

4.4.2　飞行前

·对于乘组所有乘员都要进行飞行前的医学干预和护理，如果乘员有要求，还应为其提供辅助生殖技术（ART）；

·对飞行乘员健康有风险的训练和考核应当有乘组医生（CS）或指定人员监控；

·4.2节中概述的飞行前专门标准应在计划的医学实施要求文件（MORD）中提出。

4.4.2.1　飞行前锻炼

·为利于任务准备，所有乘员必须有体质训练与监督指导计划；

·为满足任务对机体耐力素质、力量素质和/或柔韧性素质的独特需求，乘员应接受专门的锻炼测试和训练活动。

4.4.2.2　任务的心理培训

考虑到飞行任务各阶段可能产生重要的心理和社会影响，对于指令长（CDR）、乘组医疗官（CMOs）、乘员、地面关键人员和乘组家人，应提供飞行前简单情况通报和专门的培训。

培训包括如下内容：

·提供家人支持活动的建议和指南；

·个体适应、乘组融合、团队动力的有效训练与支持；

　　· 按要求向飞行乘员实施理事会提供乘组任务分配和组成方面的建议；

　　· 培训医务人员和其他地面保障人员，保障他们的行为健康和工作能力；

　　· 跨文化训练，保障国际任务。

4.4.2.3　生理适应性任务训练

　　必须为乘员提供确实有效的对抗措施，来辅助他们进行飞行前生理训练和航天飞行适应性准备。

4.4.2.4　健康稳定计划

　　· 在任务准备阶段就应该有制定好的健康稳定计划（HSP），包括健康审查和健康监测；

　　· 健康稳定计划在发射前通过隔离减少暴露和感染传染病的机会；

　　· 为预防传染病的发生，飞行前必须采取免疫措施。

4.4.2.5　昼夜节律变换操作和疲劳干预

　　应提供乘员作息计划和实施保障支持，包括昼夜节律调整、工作/休息安排评估、任务负荷评估、干预对抗措施以及特殊活动时间安排输入等。

4.4.2.6　飞行前医学评估

　　· 为评估和确认乘员是否适合飞行，发射前必须对所有乘员进行飞行前医学评估；

　　· 医学评估的时间间隔可以依特定计划需要而调整。

4.4.3　飞行中

　　4.2 节中概述的飞行中专门标准应在计划的医学实施要求文件（MORD）中提出。

4.4.3.1　风险管理与数据整合

　　应当对乘员实施健康监测，进行医学数据收集，以达到下列目的：

　　· 乘员健康状况实时评估；

· 建立航天飞行健康基线标准；

· 乘员个体健康趋势分析、健康风险识别。

4.4.3.2　医疗护理级别

· 医疗护理应以优化乘员健康、完成任务为目的。

· 必须根据 4.1 提出的护理等级来制定航天飞行计划或航天器的要求。

4.4.3.3　私密医学通话（PMC）

· 必须将私密医学通话（PMC）列入日常计划，频率由短期驻留或长期驻留而定，并在医学实施要求文件（MORD）中作详细规定；

· 通过航天器遥测系统下传地面的医学信息必须利用私密医学通话进行补充；

· 私密医学通话直接涉及医学问题和疾病预防；

· 私密医学通话应安排采用双向私密音频和视频通话。

4.4.3.4　定期健康检查与评估

· 对于长期太空飞行，应实施健康状况评估来监控乘员健康；

· 应在计划的医学实施要求文件中对健康状态定期评估的时间安排、详细内容作出规定。

4.4.3.5　对抗措施

· 为减少航天飞行对乘员身体、生理和心理的不良影响，在飞行中应实施可执行、可监控并操作有效的对抗措施。

· 应在计划的医学实施要求文件中规定需求。

4.4.3.5.1　生理学

应提供确定和监控可接受的飞行生理/心理参数的能力，以及为维持这些参数所采取的药物治疗对抗措施。

4.4.3.5.2　一般性健康与生活保障

对人因问题和乘员一般性健康与生活保障应予以注意，包括对卫生、隐私、营养、乘员执勤安排、工作负荷、地面观察和闲暇活动等的考虑，应提供相应对抗措施。

4.4.3.5.3　行为健康与工作能力

1）在整个任务中，对乘员、地面关键人员（如飞行指挥和航天员保障人员）、乘员家人应提供心理支持，因此必须制定条款，贯彻适当的心理支持计划；

2）在计划的医学实施要求文件中应详细规定心理支持计划的内容，可包括以下内容：

·心理状态监控与评估能力，包括每人每半月至少安排一次双向视频和/或音频的私人心理会谈（PPCs）；

·乘员私人家庭会议（PFCs）每人每周至少安排一次，通信方式为双向视频和音频；

·危机干预因需而定；

·为乘员提供放松、消遣、娱乐、新闻、社会交流以及行为适应服务。

4.4.3.6　舱外活动（EVA）

对于所有舱外活动，在舱外活动之前都应进行医学适合性评估，需要地面医学保障人员的共同参与。

4.4.3.6.1　减压病（DCS）预防

经过有效的预防程序，计划内出舱应确保执行出舱活动的航天员在95％置信区间内每人发生减压病的总的风险≤15％。

在轨使用的预防程序应基于地面研究成果和前期经验：

·95％置信区间内每名出舱航天员发生减压病的风险≤15％（Ⅰ型减压病和皮肤大理石样变发生率≤15％）；

·Ⅳ级静脉气泡≤20％；

·不发生Ⅱ型减压病。

上述减压病标准仅适用于舱外活动，不适用于整个乘组暴露于座舱减压环境的情况。

4.4.3.6.2　舱外航天服监测

舱外航天服应具备监测服装参数、生理变量和外部环境变量的功能。

4.4.3.6.3　生物医学数据可用性

·舱外活动中的生物医学数据应能为任务控制中心（MCC）和乘组人员使用；

·生物医学监测参数应记录在计划的医学实施要求文件中。

4.4.3.6.4　减压病治疗

作为整个任务体系的一部分，减压病的治疗应得到重视，包括适当增加大气压力和其他辅助医疗手段。

4.4.3.7　毒物暴露预防、保护和治疗

·可能的话，应将工程控制应用到一线的乘员个人防护方面；

·在所有航天飞行任务中，飞行中医学干预和护理必须包括对遭受潜在毒物暴露乘员的保护与治疗。

4.4.3.8　稳定和转移

·医学干预和治疗应包括对生病和受伤乘员的稳定和转移。具体的护理等级按照本文件 4.1 节执行；

·应按照乘员健康实施计划和医学实施要求文件有关规定实施医学稳定和转移。

4.4.3.9　医疗和救生包

计划的医学实施要求文件中应提出航天器医疗用品包（常规和救生）需求，其性能要与乘员健康实施概念文件中的描述一致。

4.4.3.10　医学实施地面保障

4.4.3.10.1　乘员健康监测

·任务期间，应实施乘组健康监视；

·人员应监测关键的飞行活动，对意外事故作出反应，根据需要采取医学纠正行动；

·除乘员健康常规评估计划外，约翰逊航天中心医学部人员还必须在剧烈运动、医学测试、舱外活动以及危险飞行操作（可能需要实时作出决定和采取行动）中实施乘员健康监测。

4.4.3.10.2　记录留存

·为便于进行趋势分析，乘员健康监测数据应永久留存，保存

格式要易提取；

　　·应有一个简单快速的数据记录途径；

　　·处理、储存和传输乘员健康医学记录的方法应安全可靠。

4.4.4　飞行后

　　·乘员着陆后的活动时间安排必须在计划文件中予以控制；

　　·负责航天员健康的专门机构必须保障乘员飞行后再适应阶段的医学安全；

　　·4.2节中概述的飞行后专门标准应在计划的医学实施要求文件中提出；

　　·应提供飞行后医学保障，确保乘员飞行后身体恢复，并将乘组疾病或损伤机会降至最低。

4.4.4.1　飞行后医学评估

　　·乘员着陆后，航天医生立刻对其实施飞行后医学评估与监测，并定期进行评估与监测，直到乘员身体健康状态稳定为止；

　　·应在计划的医学实施要求文件中规定着陆场乘员医学评估标准。

4.4.4.2　应急医疗服务（EMS）

　　·应在计划的医学实施要求文件或类似文件中提出要求，并在计划需求文件或类似文件中安排外界应急医疗服务机构实施相关要求，以确保任务完成；

　　·航天员健康负责机构应对发射和着陆应急医疗服务人员的培训进行认证；

　　·具有专门保障NASA航天飞行计划应急医疗服务培训的机构，应从航天员健康负责机构获取合作培训计划。

4.4.4.3　后恢复

　　1）飞行后乘员再适应计划应由约翰逊航天中心医学部会同飞行乘员实施，理事会、任务实施理事会进行规划、协调和实施；

　　飞行后恢复从乘员着陆出舱开始，包括指导性的分阶段后恢复计划。

2）应针对乘员个人、任务类型、驻留时间来制定个性化的后恢复计划。

后恢复计划的目标如下：

• 保证返回乘组的健康与安全；

• 积极辅助乘员，使各项机能恢复正常，恢复到飞行状态；

• 积极辅助乘员恢复到飞行前适于任务的状态。

4.4.4.4　心理功能

必须制定条款，完成满足乘员、地面关键人员和乘员家人需要并适宜的飞行后心理支持计划。

这些规定应包括飞行后行为健康和认知评估、监测以及乘组回归工作和家庭的心理支持计划。

4.4.4.5　飞行后测试

1）应为任务乘组所有乘员提供飞行后有效的医学干预和护理。

2）飞行后医学干预和护理应包括如下内容：

• 体检；

• 临床实验室检查；

• 身体和心理再适应；

• 按需治疗；

• 安排休假和疗养；

• 昼夜生物节律再训练；

• 营养评估与保障。

3）若测试对飞行乘组乘员健康有风险，应在航天医生或指派人员的监控下进行。

附录 A　文件体系图

A.1　目的和/或范围

本附录的目的是为任务提供指导，详见图 1 文件体系图。

A.2　文件体系图

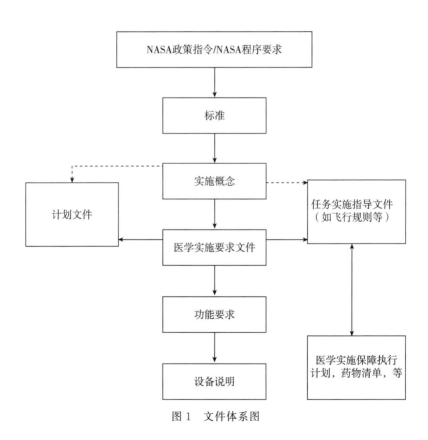

图 1　文件体系图

附录 B 乘员健康实施概念大纲范例

B.1 目的和/或范围

本附录的目的是以空间飞行任务乘员健康实施大纲范例的形式为任务提供指导。

B.2 空间飞行任务乘员健康实施大纲

第 1 部分 引言

1.1 总论/概述

1.2 目的

1.3 范围

1.4 管理机构

    1.4.1 NASA 医学权威架构

1.5 风险

1.6 假设

    1.6.1 总假设

    1.6.2 乘员健康假设

    1.6.3 对抗措施假设

    1.6.4 环境假设

第 2 部分 飞行前

2.1 乘员健康

    2.1.1 健康保持计划

2.2 对抗措施

    2.2.1 体育锻炼

2.3 环境

    2.3.1 空气质量/毒理学

    2.3.2 声学

附录 C　医学实施需求文件大纲范例

C.1　目的和/或范围

本附录的目的是以医学实施需求文件大纲范例的形式为任务提供指导。

C.2　医学实施需求文件大纲范例

标题页

署名页

目录

第1部分　引言

1.1　总论

1.2　目的

1.3　范围

1.4　管理

1.5　适用性

1.6　医学管理机构

　　1.6.1　美国医学管理机构

　　　　1.6.1.1　总部

　　　　1.6.1.2　航空航天医学委员会

　　1.6.2　美国乘员护理

　　　　1.6.2.1　任务前选拔

　　　　　　1.6.2.1.1　飞行医学诊室

　　　　1.6.2.2　后续任务选拔

　　　　　　1.6.2.2.1　乘组医生职责

　　　　　　　　1.6.2.2.1.1　飞行前

　　　　　　　　1.6.2.2.1.2　飞行中

附录 D　护理分级基本原理

D.1　目的和/或范围

本附录提供护理分级的基本原理说明。

D.2　护理标准和护理水平

医学上用两个词语来描述护理：所能提供的护理水平，护理标准。这是两个不可互换的术语。护理水平指基于对需求的理解以及提供护理者的能力，所提供的护理的量和类型；而护理标准则是护理基准，是依现行临床实践提供的护理。

例如，一个急救站与附近的救护车或外科医院会提供不同水平的护理。人们肯定不会去急救站或消防队去做阑尾手术，也没有人去外科医院做一个简单包扎。然而，每一个这样的实体都有其一定的护理标准。平台类似，护理水平相同。例如，一辆城东的救护车有着与城西救护车同样的标准。

D.3　零级护理

基本原理——医疗护理需求期望值低（例如，在 T-38 飞行中锋利边缘意外割伤）。这是意外的和不可预见的外伤，这种情况下的应急处置是止血（使用一块手帕、手套、餐巾或飞机内身边可利用的资源）直到获得进一步治疗。这个伤害是没有列入计划的，航天器几百次的飞行经验没有可能预见这一问题的发生。虽然对于给定的设想这个护理水平可以接受，但人类的航天飞行中有伤病历史、可预料的并且有显著的风险必须减少。

D.4　一级护理

基本原理——属于这类护理疾病的医学风险几乎已经完全被预

防医学减轻。包括包扎、止吐等的常规急救适合于亚轨道航天飞行。航天器上行质量限制、训练和航天器容积可能排除了使用分支系统的可能性。

D.5　二级护理

基本原理——对这类护理，乘组医学干事可以实施，大多数主要疾病由预防医学减少（例如，筛查）。然而，医疗护理变得更加健全，包括从药物、设备上支持提高护理水平的能力。除常规移动急救护理、药物和设备可用于保障诸如过敏反应和毒性暴露等意外应急情况，其还包括诸如尿潴留、空间运动病、眼球异物等日常诊断。用于评估长期微重力影响变化的医学设备，在驻留期相对较短的任务中不予考虑，例如超声波、动态心电监测、手术能力等是非必需的医学设备。

D.6　三级护理

基本原理——预防医学仍然作为减轻风险策略，但是疾病、损伤或身体失调可能还会发生。应在上一级护理功能的基础上增添更有效的药物和设备。尽管在航空管理和有限高级生命保障中具有立即救生的护理方式，但受消耗品、训练和运输的限制，一个重病或重伤病人的维持时间是有限的。

D.7　四级护理

基本原理——预防医学是极为重要的减轻风险策略，然而，高级移动护理也是必需的。为确保乘组其他乘员生存的附加风险增加（如插管吸氧治疗会使月球表面其余乘员的氧气供应耗尽，或增加国际空间站的火灾风险），必须采取伤检分类法。可以携带小型便携式诊断设备，如便携式超声或便携式临床血液分析仪（PCBA）。虽然立即救生措施仍然可用，如用自动体外除颤器（AED）对患者心室除颤，但之后所需的应急护理并无保障，其更多取决于如消耗品、对其他乘员的风险以及患者身体状况等许多变量。例如，一个乘员可在 3 分钟内被除颤并得救。相反地，在多次除颤、插管、吸氧后，病人可能恶化，这就可能超出维持或挽救该病人的能力，病人的治疗因此需要进行伤检分类。在长期探测飞行任务中，伤检分类变得更为重要。

D. 8　从地面支持向自主治疗转化

在自主医疗护理概念中，在紧急治疗阶段航天员护理的提供是自给自足的并且依赖于对咨询的任务控制。同时，更有可能的是，急救药品的增加需要适应更长时间。这种维持重病或重伤病人一定时间的能力受限于消耗品、培训和运输。医疗护理系统同样依赖于返回的方法或返回的可用性（联盟号、多功能载人飞行器，或者其他运输器）。

D. 9　五级护理水平

基本原理——由于任务的自主性，要求护理提供者的培训和能力达到医师水平。提供高级的急救护理但其内容被扩展。额外的便携式医监设备和手术器材可以用于增强高级的急救支持包，但受限于上行和下行质量、载体和该项目的预展开能力。尽管增加一名医师保障人员，但剩余耗材和幸存乘员决定了什么资源可用于对重病和重伤乘员进行的关键性护理。

附录 E 航天飞行任务的医学预案

E.1 目的和/或范围

本附录提供航天飞行医学预案的解释说明。

E.2 定义

E.2.1 初级预防预案

初级预防管理预案通过飞行前选拔、训练、行政管理和环境控制达到预防损伤和疾病的目的。

E.2.2 二级预防预案

二级预防管理预案通过对抗措施、安全设备和急救保障等达到预防疾病和损伤，或降低损伤严重程度的目的。

E.2.3 三级预防预案

三级预防管理预案通过高级医疗护理、医学处理和康复措施等达到最大程度减少损伤或疾病导致的并发症和残疾的目的。

E.3 实施策略

E.3.1 初级策略

航天员选拔期间的初级预防由航天医学部实施。只要被选中，航天员就在医学上具备了执行 NASA 飞行任务的资格（短期、长期近地球轨道或近地球轨道以外的长期飞行）。

E.3.2 二级策略

航天员被选定参加某次飞行计划之后，实施二级策略以继续对于飞行（长期或短期）和训练资格的认证。选拔标准分为短期飞行（在轨少于 30 天）、长期飞行（在轨超过 30 天）和航天飞行参与者三类。对于长期飞行，标准可以被进一步解释，使很少或没有放弃者被容许参加探测任务；对一些特定计划，可以制定更具限制性的子标准（计划的医学标准附录），其需求/通知在计划专属的医学实施要求文件中定义，如果要求进一步细化，那么在其他适当的文件（放弃者指南）或计划的医学标准附录中回顾细节。每次航天飞行计划的医学实施要求文件和/或放弃者指南都细化了二级医学预案和对该计划的需求。在医学概念文件中对执行进行解释。

E.3.3　三级策略

飞行前（包括训练期间）、飞行中和飞行后的计划需求和航天员保障计划由约翰逊航天中心医学部实施，包括但不限于在发射和着陆期间以及在有危险的训练科目中向航天员提供先进的心脏生命保障/先进的外伤生命保障，并由具备实施生命保障资质的航天医生陪伴。每次航天飞行计划医学实施要求文件都会详细规定三级医学策略和飞行中任务需求。在医学实施保障执行计划中对执行进行解释。

E.3.4　应急医疗服务（EMS）

发射和着陆时的需求体现在医学实施要求文件和医学实施保障执行计划中。飞行中，按本文件描述的护理级别定义为航天员提供实施护理的能力。在所有主要着陆点的医疗保障基本一致，在护理标准上没有差别。如果哪里没有满足急救医疗护理水平要求的特定医疗设备（DMCF），则提供/使用移动或固定的医学装备提升护理水平，使乘组健康得以保护，以及能够提供恢复能力。

附录 F 航天飞行人员的工作能力健康标准原理

F.1 目的和/或范围

本附录的目的是，通过航天飞行人员的工作能力健康标准的基本原理的形式，提供编制说明。

F.2 适于任务的机体耗氧量标准

最大耗氧量（VO_{2max}）代表着机体运动锻炼中运输和利用氧的最大能力，是衡量有氧运动能力的金标准。个体耗氧量越高，就表明执行有氧工作能力越好；当然，机体也不可能在最大耗氧量状态下长时间工作。研究表明，大多数人在最大耗氧量的 25%～50% 状态下可较长时间工作。

长期飞行中，人体耗氧量在最初 1～3 周下降范围在 15%～25%；国际空间站最新研究成果显示，第一个月最大耗氧量平均下降 17%，之后呈现轻度回升趋势，着陆后 2 天测量最大耗氧量下降约 17%。目前主要是安排每周 6 天锻炼防护来维持心血管有氧运动能力。

导致飞行中机体耗氧量下降的原因有多种，诸如对失重的生理性适应、锻炼设备功能的限制、锻炼强度和/或时间减少等。空间飞行机体最大耗氧量下降并非必然发生，而且部分航天员经过六个月飞行后最大耗氧量并未下降，得以很好的维持。

为充分评估这一风险，在基准任务设计中，通过有效方法验证的实际或导出的 VO_{2max} 的测量，需要在飞行前、中、后期，规律时间间隔下评估有氧运动能力，以及完成特定任务的能力。

考虑到 NASA-STD-3001 的目的是为各种飞行器设计和基准任务设计提出需求和构架，其所包含的标准应致力于为人机系统提供一个人的能力和硬件设计的平衡，包括但不限于飞行器和舱外服设计。人体健康和行为理事会检验了国际空间站和航天飞机出舱活动的代谢数据，提出了基于任务的恰当的氧耗量是大于或等于 $32.9 \ \mathrm{mL} \cdot \mathrm{min}^{-1} \cdot \mathrm{kg}^{-1}$。

有氧代谢能力较高的航天员具有较好的工作能力，连续长时间高负荷工作与 $\mathrm{VO_{2max}}$ 的百分比和平均代谢率相关（详见表 3，有氧运动和 8 小时持续工作能力）。除了工作能力，还有其他因素影响工作完成，比如技能、训练、完成任务的积极性等。

表 3　有氧运动和 8 小时持续工作能力

$\mathrm{VO_{2max}}$(mL·min^{-1}·kg^{-1})	持续百分比	输出(mL·min^{-1}·kg^{-1})	kcal/min
低（<35）	25%	<8.7	3
平均（45）	33%	15	5
高于平均（50）	40%	20	7.5
很高（>55）	50%	>27.5	10

新标准选择 EVA 活动来决定机体最大耗氧量标准。首先，确定 EVA 的工作负荷和活动时长，由此确定在轨飞行的最低 $\mathrm{VO_{2max}}$ 值；考虑到在轨最初几周的适应调整，飞行前的 $\mathrm{VO_{2max}}$ 值要比在轨预计的值高一些。

预估的 EVA 代谢率基于飞行数据和模拟研究数据，数据来源于未发表的航天飞机、国际空间站 EVA 以及 NBL 训练代谢率数据，国际空间站在轨飞行数据主要采自 STS - 114 至 STS - 135 任务。这些数据是以 kcal·hr^{-1} 记录的，再按呼吸换气比值（RER）0.85、乘组体重 80 kg 转换成 $\mathrm{VO_2}$（mL·min^{-1}·kg^{-1}），EVA 出舱时间按最长 8 小时、平均 6.67 小时计算。基于这些数据，按照乘组在轨活动需维持 30% 最大耗氧量来计算得出在轨应达到的最低 $\mathrm{VO_{2max}}$：$32.9 \ \mathrm{mL} \cdot \mathrm{min}^{-1} \cdot \mathrm{kg}^{-1}$。飞行前 $\mathrm{VO_{2max}}$ 推荐值按照飞行中会下降 15%～25% 逆推（见表 4）。

表 4　在轨飞行最低 VO_{2max} 以及飞行前 VO_{2max} 建议值

案例 （范例）	EVA 期间平均 VO_2 估计值/ $(mL \cdot min^{-1} \cdot kg^{-1})$	在轨 VO_{2max} 最低值/ $(mL \cdot min^{-1} \cdot kg^{-1})$	飞行前 VO_{2max} 推荐值（按照 在轨下降 15% 推算）	飞行前 VO_{2max} 推荐值（按照 在轨下降 25% 推算）
ISS	9.87	32.9	38.7	43.8

上述提到的在轨飞行 VO_{2max} 值足以满足 EVA VO_2 平均峰值（19.4 $mL \cdot min^{-1} \cdot kg^{-1}$）和 10 次最高 EVA VO_2 的平均值（32.3 $mL \cdot min^{-1} \cdot kg^{-1}$）。

由上可知，在 ISS EVA 任务和未来基准任务设计中采用更精准的 VO_2 值，可能将改变需氧量最低限值标准。

参考文献

［1］　B. J. Sharkey and S. E. Gaskill, Fitness and Health, 6th ed., Champaign, IL: Human Kinetics, 2007.

［2］　B. J. Sharkey and P. O. Davis, Hard Work: defining physical work performance requirements, 1st ed., Champaign, IL: Human Kinetics, 2008.

［3］　Sawin, S. F., Taylor, G. R., Smith, W. L. (eds) 1999. Extended Duration Orbiter Medical Project: Final Report 1989 – 1995. National Aeronautics and Space Administration, Lyndon B. Johnson Space Center, Houston, TX. NASA/SP 1999 - 534.

［4］　Moore, AD, ME Downs, SMC Lee, AH Feiveson, P Knudsen, and LL Ploutz - Snyder. Peak Exercise Oxygen Uptake During and Following Long - Duration Spaceflight. Journal of Applied Physiology, in review, 2013.

进一步的信息可以从以下文件中获取。

［1］　Extended Duration Orbiter Medical Project: Final Report 1989 – 1995. Sawin, S. F., Taylor, G. R., Smith, W. L. (eds). National Aeronautics and Space Administration, Lyndon B. Johnson Space Center, Houston, TX. NASA/SP - 1999 - 534.

［2］　Biomedical Results from Skylab. Johnston, R. S., Dietlein, L. F. 1977 (eds). National Aeronautics and Space Administration, Washington,

D. C. ，NASA/SP - 377.

[3]　　Longitudinal Study of Astronaut Health，unpublished results. NASA JSC.

[4]　　ACSM's Guidelines for Exercise Testing and Prescription，7th Edition. Whaley，M. H. ，Brubaker，P. H. ，Otto，R. M. （eds）. Philadelphia，Lippincott Williams & Wilkins. 79p.

[5]　　Bilzon，J. L. ，Allsopp，A. J. ，Tipton，M. J. 2001. Assessment of physical fitness for occupations encompassing load - carrying tasks. Occup. Med. ，51（5）：357 - 361.

[6]　　Bishop，P. A. ，Lee，S. M. ，Conza，N. E. ，et al. July 1999. Carbon dioxide accumulation，walking performance，and metabolic cost in the NASA launch and entry suit. Aviat Space and Environ Med. ，70（7）：656 - 665.

[7]　　Space Flight Health Standards Review：Cardiovascular Panel Report. July 25，2005. NASA Headquarters，Office of the Chief Health and Medical Officer.

F. 3　适于任务的感觉运动标准

暴露在太空微重力条件导致人体的感觉运动功能发生适应性变化。在初始暴露在微重力和返回到 1 g 重力环境的自适应变化期，航天员经历了感觉运动功能的紊乱过程。这些紊乱包括空间定向障碍、空间运动病、凝视控制的改变和飞行后步态不稳以及共济失调[1-5]。重要的是，随着持续暴露于微重力时间的增加，感觉运动障碍表现得更严重。这些变化可能影响在轨工作能力，包括航天器着陆、对接、遥控操作和出舱活动。此外，飞行后姿势和步态不稳定，还可影响应急情况下紧急出舱，从而影响任务安全。

在航天飞行任务中，感觉运动障碍可能表现为行为能力突然下降和衰退。基于所有飞行航天员的初选和在飞行前重复进行临床指标测试可获得个体感觉运动基线。乘组应以最佳状态开始任务，在评估乘组状态时需要考虑任务性质要求［例如，舱外活动，驾驶和导航任务，驻留任务（实验操作、人机交互任务，维修和维护工作）］及其危险程度。此外，还需考虑操作环境［例如，微重力（飞行中）和低重力（行星表面）］。标准的使用取决于任务和相关高风险活动的性质和持续时间。

有五种不同的措施可以用来检查复杂的感觉刺激和运动反应整合。一维采集数据影响或干扰另一维采集数据的可能性很大。

五种不同措施的信息如下：

1）总体感觉运动状态可分以下几种情况：重要的健康问题，暂时或正在解决的事件，对活动有干扰；视力、听力、语言能力、力量或感觉功能降低；执行功能受损；无法看、说、听、走动或移动；无意识或意识降低，或顽固性疼痛。

2）运动病可分如下情况：Graybiel M Ⅱa 级（＜ 7 分）瞬时晕动症运动病；超出 Graybiel M Ⅱa 级（＞7 分）严重的或反复的运动病症状，对任务有影响；尚未解决的／使能力丧失的运动病。

3）感觉可分以下几种状况：瞬时错觉；反复或持久错觉，对操作有影响；持久错觉，严重削弱乘员的工作能力，对任务或乘员构成威胁。

4）注视控制的变化和相关视功能的改变，不应影响关键任务的执行。

5）姿势平衡和步态控制的干扰不应对完成关键任务的能力产生影响。

在航天飞行中最常见的感觉运动问题是空间运动病（SMS）和飞行后神经前庭综合症，空间运动病的常规控制方法是药物。允许在运动和感觉作业评定中采用上述列出的功能神经病学评估，这样根据神经衰退就可以确定乘员无法完成复杂关键任务。

参考文献

[1] Clement G，Reschke MF. Neuroscience in Space，New York：Springer，2008.

[2] Mulavara AP，Feiveson A，Feidler J，Cohen HS，Peters BT，Miller CA，Brady R，Bloomberg JJ. Locomotor function after long - duration space flight：Effects and motor learning during recovery. Experimental

Brain Research. 202（3）：649－59. 2010.

［3］　Peters BT，Miller CA，Richards JT，Brady RA，Mulavara AP，
　　　　Bloomberg JJ. Dynamic visual acuity during walking after long－duration
　　　　spaceflight. Aviation，Space and Environmental Medicine. 82（4）：463－
　　　　6. 2011.

［4］　Paloski WH，Oman CM，Bloomberg JJ，Reschke MF，Wood SJ，Harm
　　　　DL，Peters BT，Mulavara，AP，Locke JP，Stone LS. Risk of sensory－
　　　　motor performance failures affecting vehicle control during space missions：A
　　　　review of the evidence. Journal of Gravitational Physiology. Vol 15（2）. 2008.

［5］　Reschke MF，Bloomberg，JJ，Harm DL，Paloski WH，Layne，CS，
　　　　McDonald PV. Posture，locomotion，spatial orientation，and motion
　　　　sickness as a function of space flight. Brain Research Reviews，28：102－
　　　　117，1998.

F. 4　适于任务的行为健康和认知标准

　　太空飞行中影响健康行为、认知和工作能力的因素主要有：心理社会适应，包括团队协调、合作、交流；睡眠和昼夜节律紊乱；个人的健康和安全。环境和任务相关的应激，如微重力、隔离和限制、辐射、任务的持续时间和工作负荷，也可能影响乘员的行为健康和工作效能。

　　包括美国和俄罗斯的太空计划在内的国际航天飞行经历显示，行为健康问题会导致任务提前中止，乘员会出现抑郁和焦虑、工作能力下降以及人际间摩擦和冲突的情况。努力减轻行为健康损失的措施包括药物及物理措施、培训和适应支持。

　　在空间飞行中，目前采用以下这些缓解策略来防止乘员健康行为和效能的下降。应该注意的是，目前行为健康支持涉及太空飞行的三个阶段：任务前（准备和训练），任务期间（乘组在轨接受支持），任务完成后（返回到陆地生活适应）。下列这些行为健康支持服务包括六大类：选拔、训练、在轨心理和神经行为支持、飞行中的心理和神经行为监控、家庭心理支持、返回。每个类别的细节

如下。

（1）选拔

①选拔

从心理学的角度进行行为健康和执行能力（BHP）评估，该评估贯穿航天员的选拔过程中。

②组成

尽管目前飞行乘组选拔不完全包含任务行为健康和执行能力（BHP）评估，未来飞行任务前，专注于评估乘组技术和非技术能力将会形成一个完整策略。

（2）训练

· 对个人和团队提供必要的培训以确保其有效适应和工作能力。

· 包括有效处理压力、处理文化差异、团队合作、优化睡眠和昼夜的适应策略等。

（3）飞行中心理和神经行为支持

· 目前提供私人心理会谈（PPCs）；额外的心理支持包括：乘员护理包、乘组人员支持事件，例如，在轨与电影明星谈话，以及其他支持服务，例如，电影、书籍、杂志、最喜欢的电视节目。

· 飞行前和飞行中个性化的对策包括：考虑到任务负载、睡眠和操作限制的合理化的日程安排；睡眠教育和培训；适当的光照调节。当需要时，可使用认知行为治疗等干预措施和药品对策。

· 超出 6 个月和/或近地轨道以外的任务，应提供个性化的对策。支持的水平及类型应与任务要求相适应。

（4）飞行中的心理和神经行为监测

· 从在轨实施（工作能力）发展和发病率（医疗）范围看，建立健康行为和认知评估工具的基线是十分关键的。

· 认知测试是一种医学需求，目前每月通过在轨认知评估工具（WinSCAT）实施。飞行前获取每名航天员的基础值作为基线。每个月进行的在轨测试结果与每名航天员的基线进行比较。若航天员发生在轨外伤或疾病会要求增加额外的测试与评估。

·超出 6 个月和/或近地轨道以外的任务，应提供客观地评估心理和行为的最低限度措施，整合提供每次任务的完整信息，例如，CO_2、睡眠质量/数量工作/休息时间表。

（5）家庭心理支持

·目前程序包括乘组家庭支持；支持实例包括私人家庭会议（PFCs）。

·超出 6 个月和/或近地轨道以外的任务，应提供额外的资源支持，家庭其他重要人物、朋友等能与乘组方便地通信。

（6）返回

返回程序一般在飞行前便安排好，通常着陆前 6 周便通知乘组和家庭成员。需提供额外的行为支持，在需要的基础上方便航天员返回和重新融入社会、家庭生活和工作。

参考文献

[1]　Akerstedt，T.，and Gilbert，M.（1990）.Subjective and objective sleepiness in the active individual. International Journal of Neuroscience，52（1-2），29-37.

[2]　Anderson JL，Glod CA，Dai J，Cao Y，Lockley SW. Lux vs. wavelength in light treatment of Seasonal Affective Disorder. Acta Psychiatr Scand. 2009 Sep；120（3）：203-12.

[3]　Axelsson，J.，Kecklund，G.，and Sallinen，M.（2011）.Sleep and shift-work. In Cappuccio，F.P.，Miller，M.A.，Lockley，S.W. Sleep，Health and Society，324-354. New York：Oxford University Press.

[4]　Ball，J.R，Evans，C.H. 2001. Safe passage：Astronaut care for exploration missions. Institute of Medicine. National Academy Press，Washington，D.C.

[5]　Belenky G，Penetar DM，Thorne D，et al. The effects of sleep deprivation on performance during continuous combat operations. In：Marriott B，ed. Food components to enhance performance. Washington，DC：National Academy Press；1994：127-35.

[6]　Belenky，G.，Wesensten，N.J.，Thorne，D.R.，Thomas，M.L.，Sing，H.C.，Redmond，D.P.，Russo，M.B.，and Balkin，T.J.

(2003) . Patterns of performance degradation and restoration during sleep restriction and subsequent recovery: a sleep dose – response study. Journal of Sleep Research, 12: 1 – 12.

[7] Bonnet MH, Arand DL. Clinical effects of sleep fragmentation versus sleep deprivation. Sleep Med Rev 2003; 7: 297 – 310.

[8] Brainard, G. C. , Hanifin, J. P. , Greeson, M. , Byrne, B. , Glickman, G. , Gerner, E. , Rollag, M. D. (2001) . Action spectrum for melatonin regulation in humans: evidence for a novel circadian photoreceptor, The Journal of Neuroscience, 21 (16): 6405 – 6412.

[9] Caldwell JA, Caldwell JL. Fatigue in military aviation: an overview of U. S. military – approved pharmacological countermeasures. Aviat Space Environ Med 2005; 76 (7, Suppl.): C39 – 51.

[10] Cohen DA, Wang W, Wyatt JK, Kronauer RE, Dijk DJ, Czeisler CA, Klerman EB. Uncovering residual effects of chronic sleep loss on human performance. Sci Transl Med. 2010 Jan 13; 2 (14): 14ra3.

[11] Czeisler CA, Gooley JJ. Sleep and circadian rhythms in humans. Cold Spring Harb Symp Quant Biol. 2007; 72: 579 – 97. Review.

[12] David, Rubino, Keeton, Miller, & Patterson (2011) . An Examination of Cross – Cultural Interactions aboard the International Space Station (ISS) . NASA/TM – 2011 – 217351.

[13] Dijk DJ, Duffy JF, Czeisler CA. Contribution of circadian physiology and sleep homeostasis to age – related changes in human sleep. Chronobiol Int. 2000 May; 17 (3): 285 – 311. Review.

[14] Dinges, D. , Van Dongen, H. 1999. Countermeasures to neurobehavioral deficits from cumulative partial sleep deprivation during space flight. In Proceedings of the first Biennial Investigator's workshop. January 11 – 13. Houston: National Aeronautics and Space Administration.

[15] Dinges, D. , Pack, F. , Williams, K. , Gillen, K. A. , Powell, J. W. , Ott, G. E. , Aptowicz, C. , and Pack, A. I. 1997. Cumulative sleepiness, mood disturbance, and psychomotor vigilance performance decrements during a week of sleep restricted to 4 – 5 hours per night. Sleep, 20 (4): 267 – 277.

[16]　Duffy JF, Cain SW, Chang AM, Phillips AJ, Münch MY, Gronfier C, Wyatt JK, Dijk DJ, Wright KP Jr, Czeisler CA. Quantification of Behavior Sackler Colloquium: Sex difference in the near - 24 - hour intrinsic period of the human circadian timing system. Proc Natl Acad Sci U S A. 2011 Sep 13; 108 Suppl 3: 15602 - 8. doi: 10. 1073/ pnas. 1010666108. Epub 2011 May 2.

[17]　Goel, N. , Rao, H. , Durmer, J. S. , Dinges, D. F. (2009). Neurocognitive Consequences of Sleep Deprivation. Seminars in Neurology, 29 (4): 320 - 339.

[18]　Kanas, N. , Manzey, D. 2003. Space psychology and psychiatry. Microcosm Press, El Segundo, CA.

[19]　Kane, R. L. 2003. Spaceflight Cognitive Assessment Tool for Windows: Development and Validation. Paper presented at New Directions in Behavioral Health: Integrating Research and Application, December 23. Davis, CA.

[20]　Lehrl S, Gerstmeyer K, Jacob JH, Frieling H, Henkel AW, Meyrer R, Wiltfang J, Kornhuber J, Bleich S. Blue light improves cognitive performance. J Neural Transm. 2007; 114 (4): 457 - 60.

[21]　Lockley SW, Brainard GC, Czeisler CA. High sensitivity of the human circadian melatonin rhythm to resetting by short wavelength light. J Clin Endocrinol Metab. 2003 Sep; 88 (9): 4502 - 5.

[22]　Lockley SW, Evans EE, Scheer FA, Brainard GC, Czeisler CA, Aeschbach D. Short - wavelength sensitivity for the direct effects of light on alertness, vigilance, and the waking electroencephalogram in humans. Sleep. 2006 Feb; 29 (2): 161 - 8.

[23]　Lockley, S. , Anderson, C. , Rueger, M. , Hull, J. T. , Flynn - Evans, E. , Sullivan, J. (2010) . Biomarkers to assess individual vulnerabilities to sleep loss and circadian rhythm disruption. NASA TM (in work) .

[24]　Maidel, Stanton, & Keeton (2011) Unobtrusive Monitoring of Spaceflight Team Functioning NASA TM - 2011 - 216153.

[25]　Manzey, D. , Lorenz, B. 1998. Mental performance during short - term

and longduration space flight. Brain Research Reviews，27：215 - 221.

[26]　Manzey，D.，Lorenz，B.，Poljakov，V. 1998. Mental performance in extreme environments：results from a performance monitoring study during a 438 - day space flight. Ergonomics，41（4）：537 - 59.

[27]　Monk T. et al. 1998. Human sleep，circadian rhythms and performance in space. In Life and Microgravity Spacelab（LMS）Final Report，NASA/CP - 1998 - 206960.

[28]　Morgan L，Hampton S，Gibbs M，Arendt J. Circadian aspects of postprandial metabolism. Chronobioogyl International，20（5）：795 - 808.

[29]　Morie，Verhulsdonck，& Laurai（2011）. Operational Assessment Recommendations：Current Potential and Advanced Research Directions for Virtual Worlds as Long Duration Space Flight Countermeasures. NASA TM（in press）.

[30]　Musson（2010）. Investigating the Relationship Between Personality Traits and Astronaut Career Performance：Retrospective Analysis of Personality Data Collected 1989 - 1995. NASA/TM - 2011 - 217353.

[31]　Newberg，A. B. 1994. Changes in the central nervous system and their clinical correlates during long - term space flight. Aviation，Space，and Environmental Medicine，65：562 - 572.

[32]　Noe，Dachner，& Saxton（2011）. Team Training for Long Duration Missions in Isolated and Confined Environments：A Literature Review，Operational Assessment & Recommendations for Practice and Research，NASA TM（in press）.

[33]　Palinkas，Keeton，Shea，& Leveton（2011）. Psychosocial Characteristics of Optimum Performance in Isolated and Confined Environments，NASA TM - 2011 - 216149.

[34]　Schiflett，S.，Eddy，D.，Schlegel，R. E.，French，J.，Shehab，R. 1995. Performance Assessment Workstation（PAWS）. Unpublished Final Science report to NASA.

[35]　Shayler，D. J. 2000. Disaster and accidents in manned space flights. Praxis Publishing，UK.

[36]　Spiegel K，Tasali E，Leproult R，Van Cauter E. Effects of poor and

short sleep on glucose metabolism and obesity risk. Nat Rev Endocrinology, 5 (5): 253 – 61.

[37] Stevens RG, Blask DE, Brainard GC, Hansen J, Lockley SW, Provencio I, Rea MS, Reinlib L. Meeting report: the role of environmental lighting and circadian disruption in cancer and other diseases. Environ Health Perspect. 2007 Sep; 115 (9): 1357 – 62.

[38] Straif K, Baan R, Grosse Y, Secretan B, El Ghissassi F, Bouvard V, Altieri A, Benbrahim – Tallaa L, Cogliano V. Carcinogenicity of shift – work, painting, and fire – fighting. Lancet Oncol. 2007 Dec; 8 (12): 1065 – 6.

[39] Strangman, G. (2011) . Human Cognition and Long Duration Spaceflight. NASA TM (in work) .

[40] Stuster, J. (2010) . Behavioral Issues Associated with Long – Duration Space Expeditions: Review and Analysis of Astronaut Journals Experiment 01 – E104 (Journals): Final Report. NASA/TM – 2010 – 216130.

[41] Van Dongen HPA, Maislin G, Mullington JM, Dinges DF. (2003) . "The cumulative cost of additional wakefulness: Dose – response effects on neurobehavioral functions and sleep physiology from chronic sleep restriction and total sleep deprivation. " Sleep, 26 (2): 117 – 126. (evidence related to objectively monitoring performance) .

[42] Van Dongen, H. P. A. , Maislin, G. , Mullington, J. M. , Dinges, D. F. (2003) . The cumulative cost of additional wakefulness: Dose – response effects on neurobehavioral functions and sleep physiology from chronic sleep restriction and total sleep deprivation. Sleep, 26 (2): 117 –126.

[43] Whitmire, A. , Slack, K. , Locke, J. , Keeton, K. , Patterson, H. , Faulk, J. , and Leveton, L. (2011) . Sleep Quality Questionnaire: Short Duration Flyers. NASA/TM –2013 –217378.

F. 5　适于任务的血液学和免疫学标准

航天飞行期间，免疫系统会发生改变，这潜在地降低了机体抗感染和控制休眠病毒的能力。能够改变免疫反应的航天飞行因素包括失重暴露，辐射暴露增加，接触有害的化学物质，接触毒素、霉菌和细菌，以及应激增加。这些改变可以导致长期航天飞行期间乘组的患病（健康）风险增加。

本标准规定了乘组航天员患免疫和血液疾病的可接受风险水平的临床范围的临界值。临界值代表造血系统达到显著衰竭的水平，并与特定的临床发病率有关，当实测值达到这一水平时，就表明要由适当的护理小组来进行评估和处置。

改善免疫/血液状态的措施包括设置发射前检疫期确保免疫接种是通用的，并与 NASA 乘组航天员医学标准一致；采取环境控制措施以减少与过敏源和颗粒物的接触以及随之带来的过敏；在飞行前后使用超敏板确定乘组航天员飞行中对新的环境因素是否过敏。

在任务期间，航天员血液和免疫的数值保持在一般人群的正常值范围内。靶参数必须设置在临界值之外，靶参数被定义为与特定临床发病率相关的水平。

参考文献

[1]　Crucian，B. E.，Stowe，R. P.，Pierson，D. L.，Sams，C. F. 2001. Routine detection of Epstein – Barr virus specific T – cells in the peripheral blood by flow cytometry. J. Immunol. Methods，247：35 –47.

[2]　Mehta，S. K.，Pierson，D. L.，Coolcy，H.，Dubow，R.，Lugg，D. 2000. Epstein – Barr virus reactivation associated with diminished cell – mediated immunity in Antarctic expeditioners. J. Med. Virol.，61：235 – 240.

[3]　Mehta，S. K.，Stowe，R. P.，Feiveson，A. H.，Tyring，S. K.，Pierson，D. L. 2000. Reactivation and shedding of cytomegalovirus in astronauts during spaceflight. J. Infect. Dis.，182：1761 – 1764.

[4]　Payne，D. A.，Mehta，S. K.，Tyring，S. K.，Stowe，R. P.，Pierson，D. L. 1999. Incidence of Epstein – Barr virus in astronaut saliva during

spaceflight. Aviat. Space Environ. Med. , 70: 1211 -1213.

[5]　Stowe, R. P. , Pierson, D. L. , Feeback, D. L. , Barrett, A. D. 2000. Stress – induced reactivation of Epstein – Barr virus in astronauts. Neuroimmunomodulation, 8: 51 - 58.

[6]　Brockett, R. M. , Ferguson, J. K. , Henney, M. R. 1978. Prevalence of fungi during Skylab missions. Appl. Environ. Microbiol. , 36: 243 - 246.

[7]　Henney, M. R. , Raylor, G. R. , Molina, T. C. 1978. Mycological profile of crew during 56 – day simulated orbital flight. Mycopathologia, 63: 131 - 144.

[8]　Pierson, D. L. , Mehta, S. K. , Magee, B. B. , Mishra, S. K. 1995. Person – to – person transfer of Candida albicans in the spacecraft environment. J. Med. Vet. Mycol. , 33: 145 - 150.

[9]　Brancaccio, R. R. , Alvarez, M. S. 2004. Contact allergy to food. Dermatol. Ther. , 17: 302 - 313.

[10]　Garner, L. A. 2004. Contact dermatitis to metals. Dermatol. Ther. , 17: 321 - 327.

[11]　Sasseville, D. 2004. Hypersensitivity to preservatives. Dermatol. Ther. , 7: 251 - 263.

[12]　Fahey, J. L. 1998. Cytokines, plasma immune activation markers, and clinically relevant surrogate markers in human immunodeficiency virus infection. Clin. Diagn. Lab Immunol. , 5: 597 - 603.

[13]　Hengel, R. L. , Kovacs, J. A. 2003. Surrogate markers of immune function in human immunodeficiency virus – infected patients: what are they surrogates for? J. Infect. Dis. , 188: 1791 - 1793.

[14]　Lum, G. 1998. Critical limits (alert values) for physician notification: universal or medical center specific limits? Ann. Clin. Lab Sci. , 28: 261 - 271.

[15]　McLellan, S. A. , McClelland, D. B. , Walsh, T. S. 2003. Anaemia and red blood cell transfusion in the critically ill patient. Blood Rev. , 17: 195 - 208.

[16]　Rempher, K. J. Little, J. 2004. Assessment of red blood cell and coagulation laboratory data. AACN. Clin. Issues, 15: 622 - 637.

[17]　Simmons, E. M., Himmelfarb, J., Sezer, M. T., Chertow, G. M.,
　　　Mehta, R. L., Paganini, E. P., Soroko, S., Freedman, S., Becker,
　　　K., Spratt, D. et al. 2004. Plasma cytokine levels predict mortality in
　　　patients with acute renal failure. Kidney Int., 65: 1357 - 1365.

[18]　Singbartl, K., Innerhofer, P., Radvan, J., Westphalen, B., Fries,
　　　D., Stogbauer, R., Van Aken, H. 2003. Hemostasis and hemodilution: a
　　　quantitative mathematical guide for clinical practice. Anesth. Analg., 96:
　　　929 - 35, table.

F. 6　营养标准结果容许限值

迄今为止，在探索的每个阶段营养都是非常关键的，从折磨早期航海者的坏血病到极地探险者死于营养不良，或在某些情况下出现的营养素过量造成毒性形象。关于这一点，在空间探索中营养的作用并没有不同，除了在空间探索中没有机会从环境中获得食物。

和平号和国际空间站（ISS）乘组的营养评估已经证明航天飞行存在营养问题，包括热量摄入不足、体重减轻和个体营养状况下降（即使在摄入充足的情况下）。对于一些营养素来说，关心的状态是出现下降；而对其他的营养素来说，关心的是过量（如蛋白质，钠，铁）。

长期航天飞行和探险类任务中临床上关心的主要内容包括体重减轻，骨和肌肉减少，辐射暴露增加和总食物摄入不足。

在制定这个标准时考虑了下列因素：3～6 个月航天飞行的营养/生化数据，已知的地上日膳食参考摄入量和有临床意义的血/尿标记物水平，圆满完成乘组任务所需的目标范围，地上可接受目标范围的标准差，将该标准维持在有临床意义范围以上所需的安全范围。

由于供给不足和稳定性不够导致营养不足（或过剩），或新陈代谢增强和排泄增加会引起疾病和/或工作能力下降。为确保任务开始阶段乘组乘员健康，飞行前航天员的营养状况必须良好。

一般来说，基本的营养风险是持有一套可行的和稳定的食品系统，更进一步，是乘组愿意且能食用的食品系统。有食品供给是重要的，但提供含有合理营养素组分的食品更重要。营养的风险层递因素如下：

首先，食品系统的风险基于食品系统的形成，包括所有营养素需求量。营养素稳定性在食品长期保存过程中存在风险，但更重要的是航天器环境的影响，特别是辐射对这些食物和营养素的影响。地面辐照（例如，用于保存）可造成某些维生素破坏。

其次，乘组能否摄入充足的食物是一个关键的风险因素，长期执行空间站任务的许多乘组乘员并没有摄入足够量的食物。在探索性任务中，食品的新鲜度、食谱疲劳、应激和其他因素对乘组食物摄入、健康和工作能力上起着重要作用。

最后，即使食品系统包含了所有需要的营养素，且乘员也将其摄入，但因代谢改变（如吸收，贮存，利用，排泄的改变）而使营养需求成为高风险因素。

参考文献

[1] Zwart SR，Pierson D，Mehta S，Gonda S，Smith SM. "Capacity of omega－3 fatty acids or eicosapentaenoic acid to counteract weightlessness－induced bone loss by inhibiting NF－kappaB activation：From cells to bed rest to astronauts." J Bone Miner Res. 2010 May；25（5）：1049－57. PMID：19874203，May－2010.

[2] Zwart SR，Booth SL，Peterson JW，Wang Z，Smith SM. " Vitamin K status in spaceflight and ground－based models of spaceflight. " J Bone Miner Res 2011 May；26（5）：948－54.

[3] Smith SM，Zwart SR. Nutritional biochemistry of spaceflight. In：Makowsky G，editor. Adv Clin Chem. Burlington：Academic Press；2008. p. 87－130；JSC－63555 and Nutrition Evidence book https：//www. novapublishers. com/catalog/product _ info. php? products _ id＝20061.

[4] Smith，S. M.，Davis－Street，J. E.，Rice，B. L.，Nillen，J. L.，Gillman，P. L.，Block G. 2001. Nutritional status assessment in semiclosed environments：ground－based and space flight studies in humans. J Nutr.，131：2053－61.

[5] Smith, S. M. , Zwart, S. R. , Block, G, Rice, B. L. , Davis - Street, J. E. 2005. Nutritional status assessment of International Space Station crewmembers. J Nutr. , 135: 437 - 443.

[6] Zwart, S. R. , Davis - Street, J. E. , Paddon - Jones, D. , Ferrando, A. A. , Wolfe, R. R. , Smith, S. M. 2005. Amino acid supplementation alters bone metabolism during simulated weightlessness. J Appl Physiology.

[7] Zwart, S. R. , Hargens, A. R. , Smith, S. M. 2004. The ratio of animal protein intake to potassium intake is a predictor of bone resorption in space flight analogues and in ambulatory subjects. Am J Clin Nutr. , 80: 1058 - 65.

[8] Heer, M. , Baisch, F. , Drummer, C. , Gerzer, R. 1995. Long - term elevations of dietary sodium produce parallel increases in the renal excretion of urodilatin and sodium. In: Sahm, P. R. , Keller, M. H. , Schiewe, B. (eds) . Proceedings of the Norderney Symposium on Scientific Results of the German Spacelab Mission D - 2. Wissenschaftliche Projectführung D - 2, Norderney, Germany, pp 708 - 714.

[9] Smith, S. M. 2002. Red blood cell and iron metabolism during space flight. Nutrition, 18: 864 -866.

[10] Holick, M. F. 1998. Perspective on the impact of weightlessness on calcium and bone metabolism. Bone 22, (5 Suppl): 105S - 111S.

[11] Holick, M. F. 2000. Microgravity - induced bone loss - will it limit human space exploration? Lancet, 355: 1569 - 70.

[12] Smith, S. M. , Heer, M. 2002. Calcium and bone metabolism during space flight. Nutrition, 18: 849 - 52.

[13] Smith, S. M. , Lane, H. W. 1999. Nutritional biochemistry of space flight. Life Support and Biosphere Science: International Journal of Earth Space, 6: 5 - 8.

[14] Smith, S. M. , Wastney, M. E. , Morukov, B. V. , et al. 1999. Calcium metabolism before, during, and after a 3 - mo spaceflight: kinetic and biochemical changes. American Journal of Physiology, 277 (1 Pt 2): R1 - 10.

[15]　Smith, S. M. , Wastney, M. E. , O´Brien, K. O. , et al. 2005. Bone markers, calcium metabolism, and calcium kinetics during extended - duration space flight on the MIR space station. J Bone Miner Res. , 20: 208 - 18.

[16]　Scheld, K. , Zittermann, A, Heer, M. , et al. 2001. Nitrogen metabolism and bone metabolism markers in healthy adults during 16 weeks of bed rest. Clin Chem. , 47: 1688 - 95.

[17]　Ferrando, A. A. , Lane, H. W. , Stuart, C. A. , Davis - Street, J. , Wolfe, R. R. 1996. Prolonged bed rest decreases skeletal muscle and whole body protein synthesis. Am J Physio. , 1 270: E627 - 33.

[18]　Ferrando, A. A. , Paddon - Jones, D. , Wolfe, R. R. 2002. Alterations in protein metabolism during space flight and inactivity. Nutrition, 18: 837 - 841.

[19]　Fritsch- Yelle, J. M. , Charles, J. B. , Jones, M. M. , Wood, M. L. 1996. Microgravity decreases heart rate and arterial pressure in humans. J Appl Physiol. , 80: 910 - 4.

[20]　Pamnani, M. B. , Mo, Z. , Chen, S. , Bryant, H. J. , White, R. J. , Haddy, F. J. 1996. Effects of head down tilt on hemodynamics, fluid volumes, and plasma Na - K pump inhibitor in rats. Aviat Space Environ Med. , 67: 928 - 34.

[21]　Appel, L. J. , Moore, T. J. , Obarzanek, E. , et al. 1997. A clinical trial of the effects of dietary patterns on blood pressure. DASH Collaborative Research Group. N Engl J Med. , 336: 1117 - 24.

[22]　Gramenzi, A. , Gentile, A. , Fasoli, M. , Negri, E. , Parazzini, F. , La Vecchia, C. 1990. Association between certain foods and risk of acute myocardial infarction in women. BMJ, 300: 771 -3.

[23]　Mensink, R. P. , Katan, M. B. 1990. Effect of dietary trans fatty acids on high - density and low - density lipoprotein cholesterol levels in healthy subjects. N Engl J Med. , 323: 439 - 45.

[24]　Ascherio, A. , Rimm, E. B. , Hernan, M. A. , et al. 1998. Intake of potassium, magnesium, calcium, and fiber and risk of stroke among US men. Circulation, 98: 1198 - 204.

[25] Ascherio，A.，Rimm，E. B.，Stampfer M. J.，Giovannucci，E. L,，Willett，W. C. 1995. Dietary intake of marine n - 3 fatty acids，fish intake，and the risk of coronary disease among men. N Engl J Med.，332：977 - 82.

[26] Jacobs，D. R.，Jr.，Meyer，K. A.，Kushi，L. H.，Folsom，A. R. 1998. Whole - grain intake may reduce the risk of ischemic heart disease death in postmenopausal women：the Iowa Women's Health Study. Am J Clin Nutr.，68：248 - 57.

[27] Key，T. J.，Thorogood，M.，Appleby，P. N.，Burr，M. L. 1996. Dietary habits and mortality in 11，000 vegetarians and health conscious people：results of a 17 year follow up. BMJ，313：775 -9.

[28] Sonnenfeld，G.，Shearer，W. T. 2002. Immune function during space flight. Nutrition，18：899 -903.

[29] Turner，N. D.，Braby，L. A.，Ford，J.，Lupton，J. R. 2002. Opportunities for nutritional amelioration of radiation - induced cellular damage. Nutrition，18：904 - 12.

[30] Steinmetz，K. A.，Potter，J. D. 1991. Vegetables，fruit，and cancer. II. Mechanisms. Cancer Causes Control，2：427 - 42.

[31] Stein，T. P. 2002. Space flight and oxidative stress. Nutrition，18：867 - 71.

[32] Stein，T. P.，Leskiw，M. J. 2000. Oxidant damage during and after spaceflight. American Journal of Physiology. Endocrinology and Metabolism，278：E375 - 82.

[33] Alfrey，C. P.，Rice，L.，Smith，S. M. 2000. Iron metabolism and the changes in red blood cell metabolism. In：Lane，H. W.，Schoeller，D. A.（eds）. Nutrition in spaceflight and weightlessness models. CRC Press，Boca Raton，FL，pp 203 - 11.

[34] Alfrey，C. P.，Udden，M. M.，Huntoon，C. L.，Driscoll，T. 1996. Destruction of newly released red blood cells in space flight. Medicine and Science in Sports and Exercise，28（10 Suppl）：S42 - 4.

[35] Alfrey，C. P.，Udden，M. M.，Leach - Huntoon，C.，Driscoll，T.，Pickett，M. H. 1996. Control of red blood cell mass in spaceflight. Journal of

Applied Physiology，81：98 -104.

[36]　Rice，L.，Alfrey，C. P. 2000. Modulation of red cell mass by neocytolysis in space and on Earth. Pflugers Archiv：European Journal of Physiology，441（2 - 3 Suppl）：R91 - 4.

[37]　Lakritz，L.，Fox，J. B.，Thayer，D. W. 1998. Thiamin，riboflavin，and alpha - tocopherol content of exotic meats and loss due to gamma radiation. J Food Prot.，61：1681 - 3.

[38]　Van Calenberg，S.，Philips，B.，Mondelaers，W. Van Cleemput，O.，Huyghebaert，A. 1999. Effect of irradiation，packaging，and postirradiation cooking on the thiamin content of chicken meat. J Food Prot.，62：1303 - 7.

[39]　Stein，T. P.，Leskiw，M. J.，Schluter，M. D.，et al. 1999. Energy expenditure and balance during spaceflight on the space shuttle. American Journal of Physiology，276：R1739 - R1748.

[40]　Vodovotz，Y.，Smith，S. M.，Lane，H. W. 2000. Food and nutrition in space：application to human health. Nutrition，16：534 - 7.

[41]　NASA JSC. 1993. Nutritional requirements for Extended Duration Orbiter missions（30 - 90 d）and Space Station Freedom（30 - 120 d）. National Aeronautics and Space Administration Lyndon B. Johnson Space Center，Houston，TX.

[42]　NASA JSC. 1996. Nutritional requirements for International Space Station（ISS）missions up to 360 days. National Aeronautics and Space Administration Lyndon B. Johnson Space Center，Houston，TX.

[43]　Herbert，V. 1999. Folic Acid. In：Shils，M. E.，Olson，J. A.，Shike，M.，Ross，A. C.（eds）. Modern Nutrition in Health and Disease. Baltimore，MD：Lippincott Williams & Wilkins.

F. 7　骨骼肌力量标准结果容许限值

人类太空飞行，微重力引起的肌肉系统的生理变化是明确的。在轨对抗措施包括力量和耐力训练。尽管目前有在轨抗阻训练以及每周六天的运动锻炼，人体肌肉系统失调依然发生。与骨骼肌失调有关的健康问题包括肌肉骨骼损伤。追溯性流行病学研究表明，航天飞机航天员肌肉骨骼损伤率在任务期超过两倍，任务期包括飞行前训练和检查、飞行中活动和飞行后检查。乘组成员在返回后有背部肌肉骨骼损伤发生率较高的倾向，这可能与保持姿势的肌肉大量丧失有关。男性在所有损伤部位和类型上的发病率都要高于女性，在飞行前后损伤发病率最高的分别是踝关节和背部。

操作上要考虑骨骼肌力量下降，其会导致工作能力下降，对完成探索任务和目标造成不可接受、并可能是灾难性的后果，这将影响到探索任务目标。太空飞行中骨骼肌失调效应被认为是环境适应性的、可逆的，不会产生影响生活质量的后遗症。然而，因缺少职业任务的详细说明，临床指南用于定义现行标准包含的可接受的肌肉损失阈值，在任务分析完成之前，阈值，即结果容许限值（POL）是可选择的。因此，在实际探索任务中，服装、运载工具和任务模式确定之前，暂用这个标准。初步的骨骼肌力量结果容许限值是相对于乘组乘员飞行前基线水平制定的，因为设想指定的航天员在发射时能够胜任所有的任务目标。

Ploutz - Snyder 等人的工作验证了执行简单任务相关的下肢肌肉力量和强度的性能阈值（表 5，执行不同功能任务的人体下部和上部肌肉性能阈值）。这些样本任务中，直立位出舱（从椅子上站起和行走）所需的力量最大，但航天员需要执行要求更高的任务。目前的工作将包括使用上述策略来定义更为苛刻任务的肌肉强度和力量阈值，如协助无行为能力的乘员和紧急出舱。这些肌肉强度和力量阈值可以有助于 NASA 制定未来肌肉功能标准。

表 5　执行不同功能任务的人体下部和上部肌肉性能阈值

任务/阈值	IKKE/BW/ (Nm/kg)	KEMIF/ (N/kg)	LPMIF/ (N/kg)	LPP/BW/ (W/kg)	LPW/BW/ (J/kg)	BPMIF/ (N/kg)	BPP/BW/ (W/kg)	BPW/BW/ BPW/BW	有关肌肉强度要求
直立座位出舱	1.9	5.9	17.8	17.6	78.8				• 腿部力量 • 动态强度 • 手臂的力量 • 肩部力量
仰卧座位出舱	1.8	5.7	13.7	14.6	72.4				• 腿部力量 • 拉力强度 • 推动力量 • 肩部力量 • 手臂力量 • 动态强度
携带物品	1.7	4.5	13.1	6.5	71.4	3.4	8.2	18.3	• 腿部力量 • 握力 • 动态强度 • 手腕的力量 • 手臂的力量 • 肩部力量
阶梯跑步机	1.0	5.2	13.3	8.2	34.4				• 腿部力量 • 肩部力量 • 手臂的力量 • 手的力量

续表

任务/阈值	IKKE/BW/ (Nm/kg)	KEMIF/ (N/kg)	LPMIF/ (N/kg)	LPP/BW/ (W/kg)	LPW/BW/ (J/kg)	BPMIF/ (N/kg)	BPP/BW/ (W/kg)	BPW/BW/ BPW/BW	有关肌肉强度要求
跌倒爬起	1.7	5.4	13.8	8.2	71.4				· 推动力量 · 腿部力量 · 手臂的力量 · 肩部力量
开舱门						13.0	10.8	46.0	· 腿部力量 · 动态强度 · 扭矩强度 · 手握力强度
活动板建设						3.1	2.3	9.9	· 腿部力量 · 肩部力量

* From Ryder et al., 2011.

注：IKKE：等速膝关节伸展；

KEMIF—膝关节最大等长收缩力；

LPMIF—压腿的最大等长收缩力；

LPP—压腿功率；

LPW—压腿做功；

BPMIF—卧推最大等长收缩力；

BPP—卧推力量；

BPW—卧推做功；

BW—体重（包括外部负载）。

任务、工作、运载工具和服装的通用基本原理目前没有明确的定义，表 6 是初步评估，还需要有任务中的定量测量。

表 6　CEV 功能性力量需求

力量	基本功能
捏/手指力量	紧扣和解开座椅安全带,操作控制装置
握力	使用刀具,"天空精灵(sky genie)",杠杆
推力	开侧舱门,推逃生滑梯
拉力	D-环,快速断开,拉逃生滑梯
肩部力量	站起,出开向滑梯的舱门
臂力	站起,举杠杆
动态力量	站起
腕力	使用刀具
扭力	旋转侧舱门转轮,杠杆
举力	举逃生滑梯,举出逃舱门
手力	杠杆,"天空精灵(sky genie)"
腿力	操控方向舵,制动器,脚限制器

总之，这些指南被认为是初步的和保守的。这个标准在获得特定的资料后会被优化。

参考文献

[1]　Adams，G. R. ，Caiozzo，V. J. ，Baldwin，K. M. 2003. Skeletal muscle unweighting: spaceflight and ground-based models. Journal of Applied Physiology，95：2185-2201.

[2]　Alkner，B. A. ，Tesch，P. A. 2004. Efficacy of a gravity-independent resistance exercise device as a countermeasure to muscle atrophy during 29-day bed rest. Acta Physiologica Scandanavia，181：345-357.

[3]　Alkner，B. A. ，Tesch，P. A. 2004. Knee extensor and plantar flexor muscle size and function following 90 days of bed rest with or without resistance exercise. European Journal of Applied Physiology，93：294-305.

[4]　Bioastronautics Roadmap: A risk reduction strategy of human space

exploration. February 2005. NASA/SP - 2004 - 6113. http: //bioastroroadmap. nasa. gov/index. jsp.

[5] Biomedical Results from Skylab. 1977. Johnston, R. S. , Dietlein, L. F. (eds) . National Aeronautics and Space Administration, Washington, D. C. NASA/SP - 377.

[6] Chekirda, I. F. , Eremin, A. V. 1977. Dynamics of cyclic and acyclic locomotion by the crew of " Soyuz - 18" after a 63 - day space flight. Kosm Biol Aviakosm Med. , Juy - Aug; 11 (4): 9 - 13.

[7] Colledge, A. L. , Johns, R. E. , Thomas, M. H. 1999. Functional Assessment: Guidelines for the Workplace. J Occ Enviro Med. , 41 (3): 172 - 80.

[8] Colwell, S. A. , Stocks, J. M. , Evans, D. G. , Simonson, S. R. , Greenleaf, J. E. 2002. The exercise and environmental physiology of extravehicular activity. Aviation, Space, and Environmental Medicine, 73: 54 - 67.

[9] Convertino, V. A. , Sandler, H. 1995. Exercise countermeasures for spaceflight. Acta Astronautica, 34: 253 -270.

[10] Multipurpose Crew Vehicle Human System Integration Requirements. September 2012. MPCV - 70024. Houston, TX: National Aeronautics and Space Administration Lyndon B. Johnson Space Center.

[11] Extended Duration Orbiter Medical Project: Final Report 1989 - 1995. Sawin, S. F. , Taylor, G. R. , Smith, W. L. (eds) . National Aeronautics and Space Administration, Lyndon B. Johnson Space Center, Houston, TX. NASA/SP - 1999 - 534.

[12] Gonzalez, Maida, Miles, Rajulu, Pandya. 2002. Work and Fatigue Characteristics of unsuited humans during isolated isokinetic joint motions. Ergonomic, Volume 45, 7.

[13] Isokinetics Explained. http: //www. isokinetics. net/index2. htm.

[14] Kozlovskaya, I. B. , Grigoriev, A. I. 2004. Russian system of countermeasures on board of the International Space Station (ISS): the first results. Acta Astronaut. , Aug - Nov; 55 (3 - 9): 233 -7.

[15] Kozlovskaya, I. B. 2002. Countermeasures for long - term space flights,

lessons learned from the Russian space program. J Gravit Physiol. , Jul;
9 (1): P313 - 7.

[16] Kozlovskaya, I. B. , Barmin, V. A. , Stepantsov, V. I. , Kharitonov,
N. M. 1990. Results of studies of motor functions in long - term space
flights. Physiologist, Feb; 33 (1 Suppl): S1 - 3.

[17] Kozlovskaya, I. B. , Kreidich, YuV, Oganov, V. S. , Koserenko,
O. P. 1981. Pathophysiology of motor functions in prolonged manned
space flights. Acta Astronaut. , Sep - Oct; 8 (9 - 10): 1059 - 72.

[18] LeBlanc, A. , Lin, C. , Shackelford, L. , Sinitsyn, V. , Evans, H. ,
Belichenko, O. , Schenkman, B. , Kozlovskaya, I. , Oganov, V. ,
Bakulin, A. , Hedrick, T. , Feeback, D. 2000. Muscle volume, MRI
relaxation times (T2), and body composition after spaceflight. Journal of
Applied Physiology, 89: 2158 - 2164.

[19] LeBlanc, A. D. , Rowe, R. , Schneider, V. , Evans, H. , Hedrick
T. 1995. Regional muscle loss after short duration spaceflight. Aviation,
Space, and Environmental Medicine, 66: 1151 - 1154, 1995.

[20] LeBlanc, A. D. , Schneider, V. S. , Evans, H. J. , Pientok, C. , Rowe,
R. , Spector, E. 1992. Regional changes in muscle mass following 17 weeks
of bed rest. Journal of Applied Physiology, 73: 2172 - 2178.

[21] Longitudinal Study of Astronaut Health, unpublished results.
NASA JSC.

[22] Ploutz- Snyder, L. L. , Manini, T. , Ploutz - Snyder, R. J. , Wolf,
D. A. 2002. Functionally relevant thresholds of quadriceps femoris strength.
Journals of Gerontology: Series A, Biological and Medical Sciences, 57:
B144 - B152.

[23] Ploutz- Snyder, L. L. , Ryder, J. W. , Buxton, R. , Redd, E. , Scott -
Pandorf, M. , Hackney, K. , Fiedler, J. , Ploutz - Snyder, R. ,
Bloomberg, J. 2011 Novel analog for muscle deconditioning. Experimental
Biology.

[24] Ryder, J. W. , Buxton, R. E. , Goetchius, E. , Scott - Pandorf, M. ,
Hackney, K. J. , Fiedler, J. , Ploutz - Snyder, R. J. , Bloomberg,
J. J. , Ploutz - Snyder, L. L. 2013. Influence of muscle strength to weight

ratio on functional task performance. European Journal of Applied Physiology, 113 (4): 911 - 921.

[25] Ryder, J. W., Buxton, R., Redd, E., Scott - Pandorf, M., Hackney, K., Fiedler, J., Ploutz - Snyder, R., Bloomberg J. J., Ploutz - Snyder, L. L. 2011. Analysis of Skeletal Muscle Metrics as Predictors of Functional Task Performance. Med. Sci. Sports Exerc.

[26] Sapega, A. A. 1990. Muscle performance evaluation in orthopedic practice. Journal of Bone and Joint Surgery, 72a, 1562 - 1574.

[27] Space Flight Health Standards Review: Muscle Strength Panel Report. March 29, 2005. NASA Johnson Space Center.

[28] Space Flight Health Standards Review: Muscle Strength Panel Report. July 28, 2005. NASA Headquarters, Office of the Chief Health and Medical Officer.

[29] Widrick, J. J., Knuth, S. T., Norenberg, K. M., Romatowski, J. G., Bain, J. L. W., Riley, D. A., Karhanek, M., Trappe, S. W., Trappe, T. A., Costill, D. L., Fitts, R. H. 1999. Effect of a 17 day spaceflight on contractile properties of human soleus muscle fibres. Journal of Physiology, 516: 915 - 930.

F. 8 微重力引起的骨矿物质丢失操作标准结果容许范围

骨丢失是航天飞行中始终出现的情况，六个月的飞行任务，航天员脊柱下部和髋部平均每月丢失 1‰ 的骨矿物质。骨丢失确实在航天员个体之间和不同骨部位之间显示出极大的差异性。防止或减轻骨丢失的对抗措施包括锻炼、药物和营养。期望部分重力任务的骨丢失率轻于或等于 ISS 飞行的水平。

世界卫生组织（WHO）定义 T 值 > -1 为正常骨矿物质密度，T 值介于 -1 到 -2.5 为骨量减少，T 值低于 -2.5 为骨质疏松症，T 值低于 -2.5、伴有既往脆性骨折的为重度骨质疏松症。（图 2，应用髋骨总密谋标准绘制的男性髋骨骨折风险）。这些基线主要用于绝经后女性或 50 岁以上男性的骨质疏松症治疗，尽早地为航天员制定临床基线是非常必要的。

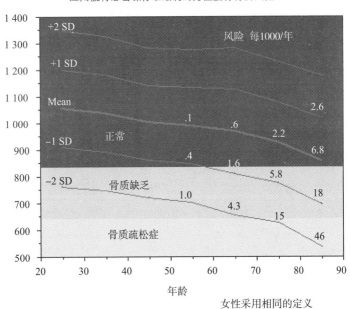

图 2　应用髋骨总骨密谋标准绘制的男性髋骨骨折风险

世界卫生组织基于骨密度水平的骨质疏松症定义

（1）正常

骨密度在年轻成人平均值 1 个标准差（＋1～－1）以内。

（2）低骨量

骨密度低于年轻成人平均值 1～2.5 个标准差（－1～－2.5SD）。

（3）骨质疏松症

骨密度低于年轻成人平均值 2.5 个标准差或更多（＞－2.5SD）。

（4）严重（确定的）骨质疏松症

骨密度低于年轻成人平均值 2.5 个标准差，并且有一处或多处骨质疏松性骨折。

引自国家骨质疏松症基金网 http：//www. nof. org/ osteoporosis/bmdtest. htm。

参考文献

[1] Bioastronautics Roadmap：A Risk Reduction Strategy for Human Space Exploration. February 2005. NASA/SP - 2004 - 6113.

[2] Marshall，D.，Johnell，O.，Wedel，H. 1996. Meta - analysis of how well measures of bone mineral density predict occurrence of osteoporotic fractures. Br Med J，312：1254 - 9.

[3] Medical Evaluation Documents（MED）Volume A：Medical Standards for ISS Crewmembers（AMERD 2A）. SSP 50667. Version，March 2004 draft.

[4] Medical Evaluations Document（MED）Volume B（AMERD 2B）：Pre - flight，Inflight，and Postflight Medical Evaluation Requirements for Increment Assigned ISS Crewmembers. SSP 50667. Version March 2004 MSHE WG Draft 1. 0.

[5] Shapiro，J. R.，Schneider，V. J. 2000. Countermeasure development：future research targets. Gravit Physiol.，7：1 - 4.

[6] Vico，L.，Collet，P.，Guignandon，A. et al. 2000. Effects of long - term microgravity exposure on cancellous and cortical weight - bearing bones of cosmonauts. Lancet，355：1607 - 11.

[7] WHO study group. 1994. Assessment of fracture risk and its application to screening for postmenopausal osteoporosis. Geneva，WHO. WHO Technical Report series.

F. 9 空间飞行中空间辐射暴露限值

空间辐射包括 GCR、捕获带辐射和 SPEs。航天员在 LEO 以外飞行的话，脱离地球磁场的保护，其接触到的辐射包括更高的 GCR 和可能的 SPE 暴露。

空间辐射的允许暴露限值主要是为了防止飞行中的风险，保证任务成功，并且将长期风险控制在可接受的水平。这需要综合考虑法律、伦理和经济的因素。短期和职业暴露限值应用于空间辐射环境的透射模型的不确定性评估。不确定性包括：GCR、HZE 和

SPEs 的生物效应不清楚。虽然死亡风险的特殊暴露限值已有，但是针对每一艘航天器、居住环境、任务设计都应该有对应暴露限值，以实现 ALARA 原则。ALARA 是 NASA 认可的原则。然而当前 GCR 风险防护存在巨大的不确定性，这需要进一步对屏蔽技术进行发展。对于 SPEs，不确定性较小，急性风险最为重要，ALARA 原则就可以很好的实现。

F.9.1　风险因素

风险因素包括年龄和性别因素。飞行前辐射暴露不会影响某次任务的长期风险但是能降低个人的辐射接触余量。现不考虑遗传敏感性的问题。11 年的太阳周期是风险因素，太阳最小年时 GCR 剂量高，太阳最大年时 SPEs 可能性大。EVA 最大的风险是 SPE。屏蔽材料能阻挡大部分 SPE 和有限的 GCR。

F.9.2　职业癌症风险限值

NASA 对航天员进行暴露致死风险（REID）评估所用的模型是 OCHMO 通过的版本——NASA 空间辐射肿瘤风险模型。另外，循环系统和 CNS 终身致命疾病的风险也考虑在内。

F.9.3　肿瘤风险剂量效应曲线。

辐射暴露和风险的相关性与性别和年龄有关，风险潜伏期、风险发生的组织类型、敏感性和寿命都与性别有关。表 7 列出 1 年任务有效剂量限值导致 3% REID 的估计值，假定所有组织器官均匀受照，飞行前未受到过职业照射。风险限值计算要选用合适的生命表和风险不确定性的推导。

表 7　举例 1 年飞行任务中辐射导致的 REID 为 3% 时女性和男性的有效剂量限值，假定全身均匀受照，飞行前未受过职业照射*

年龄	女性		男性	
	全美人群平均/Sv	非吸烟者/Sv	全美人群平均/Sv	非吸烟者/Sv
30	0.44	0.06	0.63	0.78

续表

年龄	女性		男性	
	全美人群平均/Sv	非吸烟者/Sv	全美人群平均/Sv	非吸烟者/Sv
40	0.48	0.70	0.70	0.88
50	0.54	0.82	0.77	1.00
60	0.64	0.98	0.90	1.17

注：* Reference table 6.2，Cucinotta，et al.，2013。

F.9.4　非癌效应的剂量限值

短期剂量限值防止临床显著的非癌效应的发生，包括行为能力下降、疾病或飞行中的死亡。这里应用阈剂量，它是低于 0.1% 的发生率时所对应的剂量，这种方法描述风险剂量更精确，优于剂量限值。白内障、心脏病、CNS 损伤的终身限值制定是为了防止中风、冠心病、纹状体衰老等退行性组织疾病。心脏的职业生涯限值是为了使心脏病的 REID 不超过 3%～5%，该限值与性别和年龄无关。伽马射线引起的心脏衰退导致的平均寿命损失为 9 年。

F.9.5　ALARA 原则

ALARA 原则是法律上为了确保航天员安全的要求。ALARA 的重要功能是确保航天员受到辐射的辐射不超过限值，而且这种限值不是可耐受的限值。当空间辐射的致癌和其他风险评估模型存在很大不确定性时，ALARA 原则显得尤为重要，需要进行充分的代价效益分析，促使 ALARA 原则的实施。

参考文献

[1] Billings，M. P.，Yucker，W. R.，Heckman，B. R. 1973. Body Self - Shielding Data Analysis，McDonald Douglas Astronautics Company West，MDC - G4131.

[2] Cucinotta，F. A.，Schimmerling，W.，Wilson，J. W.，Peterson，L. E.，Saganti，P.，Badhwar，G. D.，Dicello，J. F. 2001. Space Radiation Cancer Risks and Uncertainties for Mars Missions. Radiat. Res.，156，682 - 688.

[3]　Cucinotta, F. A. , Kim, M. Y. , Ren, L. Managing Lunar and Mars Mission Radiation Risks Part I: Cancer Risks, Uncertainties, and Shielding Effectiveness. NASA/TP - 2005 - 213164.

[4]　Cucinotta, F. A. , Hu, S. , Schwadron, N. A. , Kozarev, K. , Townsend, L. W. and Kim, M. Y. 2010. Space Radiation Risk Limits and Earth - Moon - Mars Environmental Models, Space Weather, 8, S00E09, doi: 10. 1029/2010SW000572.

[5]　Cucinotta, FA, Kim, M - H, Chappell, LJ. Space Radiation Cancer Risk Projections and Uncertainties - 2012, NASA/TP - 2013 - 217375; 2013.

[6]　National Academy of Sciences National Research Council, Radiation Protection Guides and Constraints for Space - Mission and Vehicle - Design Studies Involving Nuclear System. 1970. Washington, D. C.

[7]　National Academy of Sciences, NAS. 1996. National Academy of Sciences Space Science Board, Report of the Task Group on the Biological Effects of Space Radiation. Radiation Hazards to Crews on Interplanetary Mission National Academy of Sciences, Washington, D. C.

[8]　NASA Space Flight Human System Standard Volume 2: Human Factors, Habitability, and Environmental Health (NASA - STD - 3001 Vol 2) .

[9]　National Council on Radiation Protection and Measurements, NCRP. 1997. Uncertainties in Fatal Cancer Risk Estimates Used in Radiation Protection, NCRP Report 126, Bethesda, MD.

[10]　National Council on Radiation Protection and Measurements. 2000. Recommendations of Dose Limits for Low Earth Orbit. NCRP Report 132, Bethesda MD.

[11]　Preston, D. L. , Shimizu, Y. , Pierce, D. A. , Suyumac, A. , Mabuchi, K. 2003. Studies of Mortality of Atomic Bomb Survivors. Report 13: Solid Cancer and Non - cancer Disease Mortality: 1950 - 1997. Radiat. Res. , 160, 381 - 407.

[12]　Wilson, J. W. , et al. 1995. Variations in Astronaut Radiation Exposure Due to Anisotropic Shield Distribution. Health Phys. , 69, 34 - 45.

F. 10　适于任务的立位性低血压标准

航天飞行对心血管的影响不用赘述（参见立位耐力不良证据手册，

http：//humanresearchroadmap. nasa. gov/evidence/reports/Orthostatic.
pdf）（1；2；12）。其中主要影响之一就是航天飞行造成立位耐力下
降，影响飞行操作和乘组安全。乘组立位耐力下降导致不能维持立
体有效动脉血压和脑血流灌注，出现晕厥/晕厥前症状。这严重影响
着陆后航天员出舱。资料统计，实际上的影响更大，对短期飞行
（4～18天）（4；6；14）航天员可达 20％～30％，而对长期飞行航天
员达到了 83％（5）。

需要指出的是，出于安全考虑，返回当天并不进行立位耐力测
试，加上返回前液体补充和药物干预等预防手段，实际上立位性低
血压的发生率应高于上述统计数据。

立位耐力不良的原因是复杂且多因素的。飞行中血浆容量减少、
体液头向分布，均构成了最初立位耐力不良的始动因素，继而引发
一系列后续的生理反应（5；7－10）。着陆当天，经测试所有乘员出
现血浆容量减少，继而容易出现立位性低血压症状。

立位耐力不良研究是在轨飞行对心血管影响研究最多的一个领
域，但其机制至今仍未完全阐明。目前采取的预防立位耐力不良的
对抗措施主要有体液补充（3）和下体正压装置（11；13），着陆后
通过这些措施以及立即医疗护理，使得立位性低血压风险在可接受
范围内。着陆后正压装置仍在进一步开发，目前显示对于短期飞行
是适用的。长期飞行联合应用这些措施和装置力争将立位性低血压
控制到可接受水平。

参考文献

[1] Aubert AE, Beckers F and Verheyden B. Cardiovascular function and
basics of physiology in microgravity. Acta Cardiol 60：129－151，2005.

[2] Buckey JC, Jr. , Lane LD, Levine BD, Watenpaugh DE, Wright SJ,
Moore WE, Gaffney FA and Blomqvist CG. Orthostatic intolerance after
spaceflight. J Appl Physiol 81：7－18，1996.

[3] Bungo MW, Charles JB and Johnson PC, Jr. Cardiovascular
deconditioning during space flight and the use of saline as a countermeasure

to orthostatic intolerance. Aviat Space Environ Med 56: 985 – 990, 1985.

[4] Fritsch- Yelle JM, Whitson PA, Bondar RL and Brown TE. Subnormal norepinephrine release relates to presyncope in astronauts after spaceflight. J Appl Physiol 81: 2134 – 2141, 1996.

[5] Meck JV, Reyes CJ, Perez SA, Goldberger AL and Ziegler MG. Marked exacerbation of orthostatic intolerance after long – vs. short – duration spaceflight in veteran astronauts. Psychosom Med 63: 865 –873, 2001.

[6] Meck JV, Waters WW, Ziegler MG, deBlock HF, Mills PJ, Robertson D and Huang PL. Mechanisms of postspaceflight orthostatic hypotension: low alpha1 – adrenergic receptor responses before flight and central autonomic dysregulation postflight. Am J Physiol Heart Circ Physiol 286: H1486 – H1495, 2004.

[7] Meck JV, Waters WW, Ziegler MG, deBlock HF, Mills PJ, Robertson D and Huang PL. Mechanisms of postspaceflight orthostatic hypotension: low alpha1 – adrenergic receptor responses before flight and central autonomic dysregulation postflight. Am J Physiol Heart Circ Physiol 286: H1486 – H1495, 2004.

[8] Norsk P, Damgaard M, Petersen L, Gybel M, Pump B, Gabrielsen A and Christensen NJ. Vasorelaxation in space. Hypertension 47: 69 – 73, 2006.

[9] Norsk P, Drummer C, Christensen NJ, Cirillo M, Heer M, Kramer HJ, Regnard J and De Santo NG. Revised hypothesis and future perspectives. Am J Kidney Dis 38: 696 – 698, 2001.

[10] Perhonen MA, Franco F, Lane LD, Buckey JC, Blomqvist CG, Zerwekh JE, Peshock RM, Weatherall PT and Levine BD. Cardiac atrophy after bed rest and spaceflight. J Appl Physiol 91: 645 –653, 2001.

[11] Platts SH, Tuxhorn JA, Ribeiro LC, Stenger MB, Lee SM and Meck JV. Compression garments as countermeasures to orthostatic intolerance. Aviat Space Environ Med 80: 437 – 442, 2009.

[12] Reyes, C. , Freeman – Perez, S. , and Fritsch – Yelle, J. Orthostatic intolerance following short and long duration spaceflight. FASEB J. 13 (5), A1048. 1999. Ref Type: Abstract.

［13］ Stenger MB，Brown AK，Lee SM，Locke JP and Platts SH. Gradient compression garments as a countermeasure to post - spaceflight orthostatic intolerance. Aviat Space Environ Med 81：883 - 887，2010.

［14］ Waters WW，Ziegler MG and Meck JV. Postspaceflight orthostatic hypotension occurs mostly in women and is predicted by low vascular resistance. J Appl Physiol 92：586 - 594，2002.

F.11　减压病预防

F.11.1　概述

普遍接受的观点是，气泡通过某些组织是引起减压病症状的最初原因。当环境压力从高到低减压时，在潜水员和飞行员或航天员身上就可能会出现气泡的形成和生长的现象。减压病的后果包括轻微关节疼痛发作、瘫痪、甚至死亡。国际空间站和航天飞机选择了地球正常大气，它充当了许多评估微重力效应试验的控制因素。当这个大气压力与出舱活动所需要的航天服内低气压结合时，减压病仍是一个重大的风险。过去减少减压病的工作重点是实现安全且操作上可行的预吸氧方案。虽然通过这些预吸氧方案减压病风险已经大大降低，但这花费了乘员大量时间和消耗品。新的发展应依靠整体的减压病减轻策略，通过该策略把减压病风险减至最低，同时最大限度地提高乘组人员的工作效率指数。

方案设计的目的是将减压病风险降低到可接受的范围，美国国家航空航天局（NASA）减压病风险的定义和应急预案（1998 年）（1）标准定义的可接受限值为：在 95％的置信水平减压病的发病率≤15％，IV 级静脉气体栓塞（VGE）＜20％，不出现 II 型（严重）减压病的病例。这些接受限值是专门针对国际空间站建设所需出舱活动制定的，以保证国际空间站建设不会受到减压病的影响。未来任务目标可能应用不同的限值。未来的探索目标具有不同重力水平、操作理念和减压病处理能力，以及在出现严重减压病事件时返回地球的时间增加，这可能需要制订新的可接受减压病风险限值。

F.11.2　减压病预测

　　基于经验数据的统计拟合、生物物理原理、或两者组合的数学建模，已开发出许多减压应激模型。然而，对 DCS 完整的致病机制理解的局限性意味着现有的模型通常仅适用于大量经验数据已经存在条件下的减压应激估计。即使压力的上升和下降速率、持续时间、呼吸的混合气、减压顺序、代谢率或预吸氧休息发生很小的变化，也可能会对观察到的减压病发病率产生显著影响，而模型对此并不能确切地预测出来。

　　减压病的基本理论是在一个组织区域存在短暂的气体过饱和，也被称为超压或压差（ΔP）；在该区域的所有气体的分压之和大于阻止气体释放出来的周围环境大气压力。过饱和存在时 ΔP 为正用公式表示为

$$\Delta P = (\sum_{i=1}^{n} P_i - P_2) \tag{1}$$

式中　P_i——在组织中 N 种气体的第 i 个气体溶解气体张力；

　　　　P_2——减压后环境压力。气泡成核的可能性和气泡生长速率是一个过饱和函数。

F.11.3　预防减压病

　　在一定程度上，DCS 风险存在不确定性，严重减压病危及生命，必须在开发、审批和实施预吸氧方案上采取保守态度。结果就是，方案可能会超过必要的时间，以满足在可接受的风险水平。延长预吸氧时间会增加出舱活动前所需的无任何效益的乘组时间，并增加氧的需要量，因为在预吸氧期间氧气必须排到真空，以保持大气可燃性在控制范围内。

　　可以减少公式（1）中的 ΔP，这样通过减少 P_i、增加 P_2 或两者结合就可以使减压病达到可接受的风险水平并实现操作效率。在航天飞行应用中，P_2 是服装压力。在目前的服装技术条件下，特别是在手套的设计中，必然会增加疲劳和减少活动性。因此，通过增

加服装压力减小减压病风险在操作方面有显著的局限性。探索大气环境工作组（2，3）确定减少 P_i 将会大幅减少预吸氧时间，并且推荐一个 8psi 和 32％的 O_2 大气，以最大程度地减小组织中 P_{N_2}，而同时不引发缺氧。

上述的讨论集中在经典的 haldanean 方法（4）：减少组织氮量（N_2）限制气泡的生长。然而，一种新出现的 DCS 预防方法也阻碍了组织微核转变生长为气泡。在轻微的减压下，组织中气体微核的存在也会使得 DCS 发生。组织微核的有关信息和证据主要来自间接的观察。高压脉冲的应用减少了微核的数量和大小，已证实随后减压明显产生了较少的气泡或 DCS 病例。

易燃性和长期的医疗问题意味着已用于水星、双子星、阿波罗期间的纯氧气环境不再被 NASA 认为是可接受的。在航天飞机计划和目前国际空间站的任务期间，所使用的方案是基于可比较的预吸氧相关数据以及减压曲线假设为 14.7psi 或 10.2psi 饱和，出舱活动航天服压力为 4.3 psi，出舱活动持续时间长达 8 小时。此外，预吸氧持续时间是基于已达同意的可接受 DCS 风险水平，其本身是基于航天飞机和空间站项目的特点。

就飞船饱和压力、呼吸混合气、出舱活动频率、出舱活动持续时间和压力曲线而言，NASA 正在开发的未来超越近地轨道的探索架构不同于以前的航天器和出舱活动系统，而且几乎肯定在可接受的减压病风险定义与现场 DCS 治疗能力方面也不同。特别是服装端口的使用、变压出舱活动服、间歇加压，以及用低于 100％氧预吸氧混和气体缩短冲洗，代表了 EVA 方法的模式转变。太空中的出舱活动乘员和消耗品的使用量有可能减少 2 个数量级。提出的探索 EVA 方法的潜在利益程度，部分依赖于开发、验证和实施整合的减压病风险的定义、缓解和治疗计划（5）。

参考文献

[1]　　Gernhardt，ML. DCS Risk Definition and Contingency Plan Review，April 1998，Johnson Space Center.

[2]　　Campbell PD. Recommendations for Exploration Spacecraft Internal Atmospheres: The Final Report of the NASA Exploration Atmospheres Working Group. JSC - 63309, Houston, Tx, NASA Johnson Space Center; January 2006.

[3]　　NASA Exploration Atmospheres Working Group. Recommendations for exploration spacecraft internal atmospheres: The final report of the NASA Exploration Atmospheres Working Group. NASA/TP - 2010 - 216134, NASA Johnson Space Center, Houston, Tx, October 2010.

[4]　　Boycott, AE, Damant GCC, Haldane JS. Prevention of compressed air illness. J Hyg (Lond) 1908; 8: 342 - 443.

[5]　　Gernhardt ML, Conkin J, Foster PP, Pilmanis AA, Butler BD, Fife CE, et al. Design of a 2 - hr prebreathe protocol for space walks from the international space station [abstract no. 43]. Aviat Space Environ Med. 2000; 71: 49.

附录 G 参考文献

G.1 目的和/或范围

本附录提供有关参考文献，列于下面，供参考。

G.2 参考文献

文件号	文件名
	美国运动医学高校锻炼测试指南和规定，第 6 版，2000，Franklin BA，Whaley MH，Howley ET（eds）. Philadelphia. Lippincott，Williams & Wilkins. 77p
NASA－STD－3001	航天飞行人-系统标准，第 2 卷：人因、适居性与环境健康
NPD 1000.3	NASA 组织机构
NPD 8900.1	载人航天计划保障中的医学实施职责
NPD 8900.3	航天员身体和牙齿观察研究与护理计划
NPD 8900.5	NASA 载人航天探索的健康与医学政策

第 2 卷：人因、适居性与环境健康

| NASA 技术标准 | NASA‐STD‐3001 |
| | 第 2 卷 |

美国国家航空航天局
华盛顿，DC‐20546‐0001

批准日期：2011‐10‐01
替代 NASA‐STD‐3000〔第 1 卷、第 2 卷和人整合
设计手册（HIDH）共同代替 NASA‐STD‐3000〕

航天飞行人-系统标准

第 2 卷：人因、适居性与环境健康

测量体系识别：

公制/SI（英国）

前　言

本标准由美国国家航空航天管理局（NASA）出版，为 NASA 计划和项目中认可为标准的步骤、程序、实践和方法提供统一的工程技术要求，包括项目的选择、应用和设计标准方面的要求。本标准为载人航天中人–系统的硬件、软件、步骤、程序、实践和方法的设计、选择与应用提供统一的技术要求。

本标准已经被批准由 NASA 总部和各中心使用，包括各下属设施及技术和服务支持中心。

本标准建立了针对减少飞行乘员执行航天飞行任务时的健康和任务风险的局级要求。本标准适用于航天器、居住舱、设施、有效载荷，以及在太空飞行、月球及行星（例如火星）居住时与乘员接口的有关设备。

获取本标准信息、进行修改或增补，可通过在 http：// standards.nasa.gov/ 的 NASA 标准和技术帮助资源工具"反馈"进行提交。

1 范 围

本标准范围仅限于载人航天飞行任务及所有乘员在整个寿命周期（设计、开发、试验、运行和维护）的活动，包括在太空中和在月球、行星表面时的航天器内部和外部的活动。

1.1 目的

本标准目的是为载人航天中人-系统的硬件、软件、步骤、程序、实践和方法的设计、选择和应用提供统一的技术要求。

NASA – STD – 3001，《航天飞行人-系统标准》是一套两卷的 NASA 局级标准，由首席健康与医学官办公室设立，旨在降低载人航天飞行项目中飞行乘组的健康和工效风险。NASA – STD – 3001 第 1 卷《乘员健康》对参与任务乘员的身体素质、航天飞行容许暴露限值、结果容许限值、医疗护理等级、医疗诊断、干预、治疗和护理以及对抗措施设定了标准。NASA – STD – 3001 第 2 卷《人因、适居性和环境健康》着重于人身体和认知的能力与局限性，并为航天器（包括航天飞机轨道器、居住舱和航天服）、内部环境、设施、有效载荷以及太空运行期间的乘员界面相关设备、硬件和软件系统确定了标准。

NASA – STD – 3001 第 1 卷把人的生理参数看做一个系统，就像我们看待机械装置的工程设计。这样做就可以把人自身系统看作航天器整体设计以及参照的任务设计中不可分割的一个部分。把人自身系统当成与许多其他系统一起协同工作的一个系统，才能使航天器正常运行并成功完成任务。第 2 卷的关注点转向人-系统整合，其内容是关于乘组人员与其他系统怎样相互作用的包括居住舱和环境。任务期间的关注点是工效问题，即人和系统能否配合好（在环境和居住舱内）并且完成确保飞行任务成功所需的工作。

NASA – STD – 3001 第 2 卷适用于所有载人航天系统。系统开发者应根据他们的系统撰写专门的设计要求，以确保最终产品满足第 2 卷的要求。NASA 的附录文件 NASA/SP - 2010 - 3407《人整合设计手册（HIDH）》能在准备具体系统的设计要求方面提供帮助。HIDH 是一个载人航天飞行历史和知识的纲要。它的编写顺序与 NASA - STD - 3001 第 2 卷相同，并提供了有用的背景信息和研究成果。虽然 HIDH 不是一个标准或一个要求，但它是撰写符合本标准 3.2 节具体项目要求的资源之一。HIDH 不仅仅能够用于要求准备，对设计者来说也是一个有用的工具。

本标准涉及飞行乘组和地面人员的通用设备和操作界面。系统要求必然属于以下两类要求之一：

· 任务期间飞行乘组（仅仅飞行乘组）的直接界面的系统设计要求见第 3 章到 12 章。这些要求包括环境支持系统、体系结构、控制和显示以及操作等主题内容。

· 飞行乘组和地面人员通用的系统设计要求见第 13 章。该章包括舱门、通道、监测点和应急设备等主题内容。这些通用系统的要求考虑到了两类使用人群的特性。

本标准包括了建造载人航天器所需的基础的、并经 NASA 批准的信息，用于制订下一级具体项目的要求。

1.2　适用性

本标准适用于那些要求获得载人认证的项目和计划。NPR8705.2《航天系统的载人要求》定义了对航天系统的要求。标准旨在在项目/计划要求和认证文件中正式记录存档。

本标准已经被批准由 NASA 总部和各 NASA 中心、包括各下属设施以及技术和服务支持中心采用，也可以在合同、项目和其他的 NASA 文件中作为技术要求进行引用。本标准也适用于喷气推进实验室或其他承包商、授权的受让人或合同各方，应用程度仅限于合同、授权或协议中指定或引用的内容。仅仅当单独协议中有要求并记录的情况下，比如联合或多边协定，本标准术适用于所有国际上提供的航天系统。

　　NASA 技术权威——健康和医学技术当局（HMTA）、总工程师以及首席安全和任务保障官——评估了 NASA 项目和计划是否符合 NASA‐STD‐3001 要求。如果项目或计划不能满足该标准的规定，那么技术权威将开展乘员的健康、安全和工效的风险评估。所有要求将被列出并用"shall（**应**）"进行标注。说明或指导正文从第 3 章开始用楷体字列出。

1.3　剪裁

　　对本标准进行剪裁以适用于具体的计划或项目，应作为计划或项目要求的组成部分正式归档，并要通过技术权威的批准。

1.4　授权

　　为了在航天飞行各阶段向乘组人员提供健康、工效和医学计划，以及保护乘员的健康、工效和安全，NASA 提出建立相应标准的政策。这个政策主要被 NPD1000.3，即《NASA 组织机构》和 NPD8900.5《NASA 载人空间探索的健康和医学政策》两份文件授权。

2　适用文件

2.1　概述

在本章中列出的文件包含了构成本标准要求的规定，如文中所引用。

2.1.1　应使用最新发布的引用文件，除非有专门指定的版本。

2.1.2　指定版本的停用应由相关负责的技术权威批准。

适用文件可通过 http：//standards. nasa. gov 中的《NASA 标准和技术帮助资源工具》获取，或者可以直接从标准制订组织或其他文件发行人获得。

2.2　政府文件

国家航空航天局

JSC 16888	《航天飞行的微生物学实施计划》
JSC 20584	《航天器内空气传播污染物的最大容许浓度》
JSC 26895	《航天器化学和实验材料的毒害评估指南》
JSC 63307	《用于载人航天器窗户的光学性能要求》
JSC 63828	《生物安全性审查委员会的实施和要求文件》
NASA－STD－3001	《航天飞行人-系统标准》,第 1 卷:《乘员健康》

2.3　非政府文件

航空航天研发咨询组（AGARD）

AGARD－CP－472	《高级逃逸系统加速暴露限值的形成》（Brinkley，J. W. ；Specker，L. J. ；Armstrong，H. G. ；Mosher，S. E. 1990 年 2 月）

美国政府和工业界卫生学者讨论会(ACGIH)

ACGIH	《基于化学物质和物理因素临界值和生物暴露指数记录的临界值和生物暴露指数》

美国国家标准化协会（ANSI）

ANSI S2.70	《人类暴露于传递到手部的振动的测量和评估指南》
ANSI S3.2	《通信系统的语音可懂度测量方法》
ANSI Z136.1	《安全使用激光的美国国家标准》

电气和电子工程师协会（IEEE）

IEEE C95.1 IEEE	《人类暴露于无线电频率电磁场（3kHz 到 300GHz）的安全等级标准－说明》

国际标准化组织（ISO）

ISO 7731:2003	《工效学——公共场所和工作区域的危险信号——听觉危险信号》

2.4 优先顺序

本标准确定了用于载人航天中人-系统硬件、软件、程序、步骤、实践和方法的设计、选择和应用的要求，但是既不代替也不放弃在其他文件中已经建立的 NASA 要求。

2.4.1 冲突

本标准与其他要求文件的冲突应由技术权威机构负责解决。

3　项目执行标准

在实施程序中，描述了将对人的能力、局限性和功能（包括生病、受伤和不适应的状态）的理解纳入其中的方法，结果形成了一个工效标准。这个策略确保了在系统的整个寿命周期中，系统性能始终如一地考虑到人的工效，确保通过评估与人的工效相关风险，以及在系统各个层次考虑人的整合（从单独部件到完整系统水平），使设计有充分信息并得到加强。

3.1　标准适用性〔V2 3001〕

除非在这里另有特别说明，本标准中所有的规定要求都应适用于所有的载人航天飞行项目、所有任务、所有任务阶段（包括舱外活动）、所有重力环境和所有使用者的全部能力范围、特点和局限性。

阐释：人常常是任务成功的关键要素。涉及到人的任何活动都应符合本标准的人因、适居性和环境健康准则。任何忽略使用者的能力、特征和局限性的设计可能导致对使用者、系统和任务灾难性的后果。

本标准的每一条要求都详细说明了应用范围。例如一些要求，仅仅应用于微重力条件。这种适用性在具体要求中进行了说明。

3.2　具体项目要求〔V2 3002〕

每项载人航天飞行计划都应建立针对具体项目的、满足本标准要求的可验证要求。

阐释：本标准中的许多要求是通用的，其目的必须被剪裁成为针对某个具体系统的要求的形式。这将有助于确保人使用的某个特定的系统是有效果的、有效率的和安全的。将通用要求剪裁为具体要求也能验证要求是否已经被满足。

3.3　符合性监督 ［V2 3003］

每个载人航天飞行计划，在系统寿命周期内（包括设计、开发、试验、运行和维护）都应连续监测对本标准的符合性。

阐释：设计包括一系列的权衡。在权衡研究中，人将是一个被考虑的要素；忽视人的局限性和能力可能最终导致系统的失败。当一个有错误的设计向前进展时，修改错误将越来越昂贵。系统部署之前，还存在问题未被发现的危险。因此，在项目的寿命周期持续监测本标准形成的要求是非常重要的。关于项目寿命周期和相关人因工程的更多信息，参见 NASA/SP - 2007 - 6105，《NASA 系统工程手册》，第 3 章和 7.4 节。

3.4　要求的验证 ［V2 3004］

每个载人航天飞行项目都应验证设计是否满足可追溯到本标准的具体项目的要求。

阐释：没有验证，人-系统要求是不完善的。验证意味着开发项目和计划产品的最终接收是基于要求已经被满足的证据。然而，验证的进行应是设计规划和结果确认之间的持续交互。早期纳入评估技术能预防在这个项目后期出现预料之外的性能问题。

3.5　以人为中心的设计过程 ［V2 3005］

每个载人航天飞行项目都应建立和执行以人为中心的设计过程，至少包括如下内容：

- 运行概念和方案开发；
- 任务分析；
- 人和系统间功能分配；
- 人的角色和责任分配；
- 迭代的概念设计和原型建立；
- 完全根据经验的测试，例如，人在回路，代表性人群测试，或基于模型的人-系统性能评估；

　　·飞行期间现场监测人-系统性能。

　　阐释：以人为中心的设计是一个基于性能的方法，关注在整个系统的寿命周期使设计可以被人使用（见 ISO 13407，交互系统中以人为中心的设计过程）。其特征是，早期和频繁的用户参与、性能评估以及迭代的设计—测试—再设计过程。

　　一个典型的以人为中心的设计过程是在实施过程中进行商定的，并且记录在人因工程控制计划中，上面程序的每一个步骤都会产生至少一个记录在案的可交付文件。有效的以人为中心的设计始于对人的活动的清晰定义，这种定义从运行概念和预期方案开始，到更具体的任务分析，甚至到更加具体的关于人和系统之间角色和职责分配问题（术语"系统"是指机械或自动化系统）。迭代设计是该过程的关键组成部分，在这个过程中概念得以不断完善。接下来，要通过计算者的建模、经验方法或两者混合使用，进行更加严格的设计评估。经验方法包括实验室研究和人在回路仿真测试。最终，需要在飞行中对系统性能进行实时测量，以生成经验总结。关于方法和技术的更多信息，见 HIDH 的第 3 章。

4　人体特性与能力

在航天器的设计、研制、测试、评估过程中，充分考虑人操作能力的差异和限制的系统工程方法，对于飞行乘组的健康、安全和工作效率以及保护硬件和系统，都是至关重要的。正如其他任何系统组件一样，人的能力也有限制。太空飞行遇到的情况会降低人的能力。这些限制人工作能力的因素可能包括：诸如失重和重力转换的环境因素，诸如空间疾病和空间定向障碍的生理效应，以及狭小环境和防护服等其他因素。

人工作效率的范围，不但受到身体的限制，同时也受到认知局限性的限制。在航天飞行中考虑这些限制对于任务成功的方方面面都很重要，这些限制包括乘员健康和安全的维持等。

人体特性和能力包括人体尺寸、力量、可达域、活动范围。考虑飞行器、航天服和其他人机界面等内在因素的设计，对于适应所有用户人群的人体特性非常重要。同时也应适应外在因素的影响，比如重力环境、服装、加压以及与飞行持续时间相关的不适应等。

4.1　人体数据库

4.1.1　数据库 [V2 4001]

每次飞行计划都应确定或设计一套适于乘员人群的人体测量学、生物力学、需氧容量和力量数据库，以支持本标准第 4 章所有的要求。

阐释：在居住空间和使用设备的总体设计中，确定乘员人群的人体特性是主要的考虑。人体测量数据包括身高、可达域、人体表面积、人体体积和人体质量等数据。生物力学数据包括移动范围、力量数据。乘组人体特性取决于他们选拔的人群。过去乘组不从普通人群中选拔，而是从军人中选拔，他们的身高、健康水平与普通人有所不同。同时，人体尺寸也有历史性变化，50 年前人的平均身高比现在要矮。一个可能使用到将来的系统的研发者应当考虑这些变化。同时，对于国际性任务，数据库应代表不同的人群。

4.1.2　数据库特征［V2 4002］

预期的重力环境、服装、防护装备（包括航天服）、服装加压、外在连接设备、乘组适应情况、任务时间等因素的独特特征，**应**记录在数据库中，其可用于系统、硬件和设备的设计。

阐释：系统的研发者应确定影响人体特性的因素，同时应表明他们的考虑是系统设计的不可分割的组成部分。

4.1.3　人群确定［V2 4003］

航天计划**应**确定系统设计最有可能适用人群的尺寸范围。

阐释：在确定乘员选拔人群之后，系统研发者应确定设计将适用的范围，包括人体身高的上下限值。宽泛的人体身高接受范围（从非常大到非常小）有一个好处，就是实施选拔的人可以从广泛背景、才能和技能的人群中选拔乘员。缺点就是，尺寸的宽范围给设计带来影响。比如，更宽泛的范围使通道开口和座位不得不变大以适应更大的个体，同时控制器和面板不得不更近以适应小个子。

4.1.4　数据库假设［V2 4004］

人体数据库**应**包括年龄、性别、身体条件以及其他适当的和有区别的人群特征。

阐释：由4.1.1节选取的乘组人群的人体数据，在本标准中随年龄、性别以及比如身体条件或其他特殊考虑的因素而变化。系统设计者需要确定这些人群的特性，从而调整数据的数量。

4.2　身高

4.2.1　身高数据［V2 4005］

依照4.1节得到的身高数据，在本标准中**应**适用于乘组接触的系统、硬件和装备中所有元素的设计，以确保乘组可以充分有效地执行任务。

阐释：与乘组交互的所有物品的设计，都应考虑乘组身高的因素，包括手控制器、座椅尺寸、舱门开口大小、从座椅到控制器的距离、把手尺寸等。

4.2.2　身高的变化 [V2 4906]

在低重力环境中，设计应考虑身高、身围和身体姿势的变化。

阐释：微重力环境可显著改变人的某些尺寸、身围和身体姿势。尽管目前还未确定，但在低重力环境比如月球中，这种变化也是存在的。为了确定乘组接触物体的合适尺寸，系统设计者应意识到重力对人体尺寸的影响，并据此进行设计。具体项目的数据库建立，应能反映预期的低重力环境对人体姿势、人体尺寸和身围的影响。

4.3　移动范围数据 [V2 4007]

移动范围数据定义了人体移动的方向和限制。依照本标准 4.1 节得到的移动范围数据，其应适用于乘组接触的系统、硬件和装备中所有物品的设计，以确保乘组可以充分有效地执行任务。

阐释：设计约束可决定航天器的布局，以及迫使乘组完成移动、弯曲或者伸展至令人不舒服的姿势的任务。研制计划应有确定乘组移动范围限制的可用数据。

4.4　可达域数据 [V2 4008]

人的可达域能力数据定义了在工作中触摸和抓握物体的能力。依照本标准 4.1 节得到的可达域数据，应适用于设计过程，这样所有乘员界面物体的安放位置，应使最小的乘员即使使用限制装备和服装在工作姿势下也能触及到。

阐释：如果乘员固定在座椅或限制系统中，精确的可达域限制数据对于系统成功操作是很重要的。即便乘员可移动，过度地伸向界面也会导致错误和任务延迟。

4.5　人体表面积数据〔V2 4009〕

人体表面积数据定义了人体外表面的尺寸大小。

依照本标准4.1节得到的人体表面积数据,只要适当,就**应**适用于乘组接触的系统、硬件和装备中的所有物品,以确保乘组可以充分有效地执行任务。

阐释:根据任务或设计需要,系统设计者可能需要描述人体外表面的数据。当评估辐射暴露或设计人体接触冷却系统时,就要用到这些数据。在这种情况下,人体表面积数据应精确描述所有范围内的乘组人员。

4.6　人体体积数据〔V2 4010〕

人体体积定义了人体占用环境的体积大小。人体体积可描述整个人体的体积和体段的体积。人体体积是静态测量的数据,不描述人体活动时所需的区域体积。

依照本标准4.1节得到的人体体积数据,只要适当,就**应**适用于乘组接触的系统、硬件和装备中的所有物品,以确保乘组可以充分有效地执行任务。

阐释:由于任务或设计需要,系统设计者可能需要描述人体体积的数据。在这种情况下,人体体积数据应精确描述所有范围内的乘组人员。

4.7　人体质量数据〔V2 4011〕

人体质量数据可描述整个人体的质量和体段的质量。人体质量数据包括质心数据、动量,也可仅是人体质量。人体质量是加速度设计的重要考虑因素,还可用于描述乘员与装备之间的作用力设计,比如人体支撑系统、工具和移动辅助装置等装备。人体质心数据是动态任务阶段、着服装乘员的灵活性、平衡和稳定性等设计考虑的很重要因素。

依照本标准 4.1 节得到的人体质量数据，**应**适用于乘组接触的系统、硬件和装备中所有的物品，以确保乘组可以充分有效地执行任务。

阐释：推进力和系统动力学计算取决于乘员所有范围的质量数据。对于所有有人机界面的航天器系统的设计，当乘员通过移动接触到界面时，所施加的力应不能对界面造成破坏。例如，人体支持系统，比如座椅、支架、限制装置，应能承受在各种预期加速度和重力环境下着服装乘员所施加的力。

4.8　力量

力量是指人产生力的能力。最大力量数据可用于设计在不寻常环境下不会发生损坏的硬件，比如在恐慌情况下使用的刹车或关闭控制器。最小力量数据建立的标准要确保所有乘员都可操作预期的系统部件和装备。

4.8.1　力量数据 ［**V2 4012**］

依照本标准 4.1 节得到的力量数据，**应**适用于乘组接触的系统、硬件和装备中的所有设备，以确保乘组可以充分有效地执行任务，同时对乘组不会产生伤害，硬件在使用过程中也不会产生损害。

阐释：航天器的部件和装备应设计成可以经受强壮乘员正常操作时施加的较大的力量，而不被损坏。在紧急情况下操作控制器时，人可能会不经意使出大的力量，比如停止行星表面着陆飞行器或者打开舱门应急出舱时。装备的损坏可能会造成乘员不能安全应对应急的情况。项目要求应确保设计者能获得精确的力量数据。

4.8.2　肌肉效应 ［**V2 4013**］

系统设计应考虑肌肉耐力和疲劳的效应因素。

阐释：需要大力量的任务和即使需要低力量但需重复操作的任务，都会引起疲劳。另外，由于航天飞行会减小肌肉的尺寸、降低肌肉的力量以及肌肉的耐力，因此系统设计时应考虑这些因素。项目要求应确保设计者能有乘员在预期疲劳条件下的精确力量数据。
一个疲劳的乘员应当能够执行任何需要的任务。

4.8.3 操作力〔V2 4014〕

系统、硬件以及装备**应**设计成用预期的最小力量都可操作的
程度。

阐释：设计应考虑所有乘员都应能充分有效地执行任何需要的
任务，以确保任务成功。

4.9 有氧能力〔V2 4015〕

一个个体的绝对有氧能力决定了其在特定的工作水平下执行任
务的能力。

系统**应**设计成对于符合 NASA - STD - 3001 第 1 卷中规定的有
氧能力的乘员是可以操作的。

阐释：有氧能力信息是一个很重要的工程数据，项目要求应确
保系统设计者有可用的精确有氧能力数据。与操作概念相关的有氧
能力会提供需氧量、二氧化碳产出量、热消耗等上限。这些信息对
于航天器的环境控制与生命保障系统以及舱外航天服的设计都很重
要，也有助于确定主份和应急氧气系统指标，还有助于工程师开展
基于操作工况和代谢消耗的各种服装设计的权衡研究。

5 知觉和认知

本章从功能，即工效的角度，清晰地叙述了人的知觉和认知特性。这些特性可以采用能力和局限来描述，它们随诸如年龄、性别、疲劳以及环境因素的暴露等发生变化。正如系统部件在设计时存在局限性一样，人的能力也有局限性。航天飞行的环境条件可以进一步降低人的能力。系统应设计成符合人的知觉和认知能力，以满足系统性能要求。

人操作能力的详细讨论，如视觉知觉、听觉知觉、认知以及工作负荷，请参见 HIDH 第 5 章。用户界面设计的详细讨论，如视觉显示的获取、视觉显示、显示与控制的布局，请参见 HIDH 第 10 章。

5.1 知觉和认知的特性与能力

5.1.1 视觉能力 ［V2 5001］

视觉能力至少包括视敏度、空间对比敏感度、视觉适应性、关注视野、颜色分辨、知觉的立体深度以及时间对比敏感度等。对这些术语的进一步解释请见附录 C。

视觉能力应纳入所有乘员能力水平和所有任务需求的所有视觉接口设计中。

阐释：界面元素的设计如文字、图形、图标以及显示本身的设计和其相对于使用者的位置等，应确保乘员进行任务操作时视觉信息是可见的、可阅读的（文字）或可理解的（图形图标或符号）。

5.1.2 听觉感知能力 ［V2 5002］

听觉能力至少包括听觉的绝对阈值、听觉方位以及语言的可懂性。听觉方位指空间声音位置的听觉感知。语言可懂性是指根据标准测试方法，能够正确识别语言材料（特别是词语）的能力。

听觉感知能力**应**纳入到所有乘员能力水平和所有水平任务需求的听觉系统界面的设计中。

阐释：在任务的完成中，听觉信息起着重要作用。在需要相距遥远的个体互相协作时更是如此（所有航天任务的特征）。语音交流对成功完成文字稿的操作，如因异常事件应急返回时，也非常重要。通信工程计算要求采用公制单位，以确保在任务全阶段语言的可懂性和质量。所有舱内系统的设计都需要考虑噪音、环境振动和其他听觉屏蔽源（来自额外噪音），并考虑着装和不着装条件，如头戴和扩音器条件。

5.1.3　感觉运动能力［**V2 5003**］

感觉运动能力包括平衡、运动、手眼协调、视觉控制、触觉感知和方向感知。

感觉运动能力**应**纳入到所有乘员能力水平和所有任务需求的显示-控制系统接口的设计中。

阐释：控制和显示可以通过感觉运动感知通道向操作者提供信息。应撰写要求以确保成功地使用该信息通道。通过感觉运动通道进行信息传递，取决于信息的性质（速度、方向、数量等）、操作者着服装情况（手套、鞋类、头盔等）、控制和显示的特性（控制形状、控制力量、显示方向等）以及环境（振动、光照、加速度、重力等）。

5.1.4　认知能力［**V2 5004**］

认知能力包括注意、记忆、决策、问题解决、逻辑推理以及空间认知。

认知操作能力**应**纳入到所有乘员能力水平和所有任务需求的系统接口的设计中。

阐释：考虑认知操作能力对保证最佳的任务操作和乘员安全非常重要。硬件的设计包括显示和控制，其都需要考虑人获取、解释和记忆信息的能力和局限，这样才能保证信息是可用的和可理解的。

这在空间飞行中尤其重要，因为微重力在空间飞行中能够影响空间定向和失调，而应激可以影响多种认知过程。应激影响认知能力的详细讨论请参见 HIDH 第 5 章。

5.2 人整合操作能力

系统应充分支持乘员在正常和非正常工况下的安全操作，即整合设计仍然需要在可接受的操作范围中。充分的乘员支持指标包括：

1）在时间和工效标准内能够完成的任务；

2）人－系统接口支持高水平的在轨情境意识（situation awareness，SA）；

3）系统设计和功能分配提供可接收水平的工作负荷，以确保警觉以及负荷不足/无聊和负荷过重之间的平衡；

4）界面能将操作人员的失误降到最低，并能在错误确实发生的情况下提供错误检测和恢复功能。

5.2.1 时间和工作效率 [V2 5005]

有效的任务工作效率包括及时性和准确性：任务应在合适的时间范围内成功完成并能满足任务目标。

及时准确地任务完成能力应纳入到所有乘员能力水平和所有任务需求的系统界面设备的设计中。

阐释：一些突出的航空航天事故可以追溯到糟糕的整合设计——考虑到任务的实际时间要求和应急的环境条件，人不可能完成应急操作任务。需要在设计中考虑的因素包括任务对时间的要求、任务对训练的要求、失误纠错所需时间、工作失误的性质和类型以及失误的性质与后果。

5.2.2 情境意识 [V2 5006]

SA 是指理解当前的情况和环境，根据当前目标评估情况，并预测情形在未来的演化过程及结果。

对于所有乘员能力水平和所有任务需求，系统设计应确保能提供高效和有效地完成任务所需的 SA。

　　阐释：在商业航空飞行和地基航天器模拟操作中，大量的飞行乘组事故和错误决策都与缺乏 SA 有关。为使 SA 最大化，并优化操作准确性和效率，设计者需要对在轨操作进行详细的信息需求分析，确保乘员和航天器界面能为所有操作提供所有所需信息。有用且有效的系统设计，应具备支持乘员快速准确地评估当前情势的能力。依赖单独的好的设计选择，其放大后并不一定是有效的系统设计。

5.2.3　认知工作负荷 [V2 5007]

　　认知工作负荷具有应急特征，来源于任务对人提出的要求、人应对任务需求的策略以及影响人工效的系统和环境因素。

　　针对所有乘员能力水平和所有任务需求，认知工作负荷应纳入到所有乘组界面（避免负荷过量或负荷不足）系统物品的设计中。

　　阐释：操作航天器时，有些最关乎安全的决策和行为，是在乘组同时开展多项任务、处理众多输入、并对多项可能不太相关问题做出决策的情形下完成的。由于人的能力有限，因此任何一项任务的过度负荷都可以引起操作者在认知上关注一个问题，而很少或几乎没有能力处理其他问题。因此，已经设计出的乘员任务支持人-系统界面，设计者需要评估人在回路的模拟操作，以确定该操作的工作负荷。如果判断工作负荷过高，人很少或几乎没有剩余能力处理同时发生的其他问题，那么任务和支持界面就需要重新设计。

6　自然与诱导环境

自然及诱导环境因素包括空气、水、污染、加速度、声、振动、辐射及温度。能提高人操作工效的环境设计因素，例如空间站的布局、照明等，将在本标准第 8 章中进行阐述。总体上讲，系统环境应与航天员要执行的操作任务相容，并有助于提高乘组的健康和工作能力。

6.1　环境数据趋势分析 ［V2 6001］

系统应提供环境监测数据，其格式应与进行时间趋势分析所用格式兼容。

阐释：要求中应考虑到对给定任务进行趋势分析时所需的所有环境参数。环境参数的趋势分析，例如舱内气体成分、温度、湿度、水、声环境及辐射（详细要求参见 6.2 节至 6.8 节）等，以及在有害环境出现前进行预测或利用先前存储的数据排除故障，都是十分必要的。要进行恰当的趋势分析，必须考虑数据的各个方面，例如测量的速率，不然的话，部分参数的测量频率可能会很低。

6.2　舱内大气

安全、适于呼吸的大气对于维持航天员的健康和工作能力至关重要。能够通过设计解决早期识别的潜在空气质量问题。监测大气质量并评估其变化趋势十分重要。系统必须有足够的鲁棒性，能通过自动控制或乘组控制使大气压力、湿度、温度、通风流量、悬浮颗粒物、氧分压、二氧化碳分压、微量污染物等环境参数维持在一定的范围内，以保障人体的健康和安全。对于着航天服操作期间的具体大气标准的更多信息见本标准 11.1 节。

6.2.1　大气成分

6.2.1.1　惰性气体 [**V2 6002**]

当任务持续时间超过两周时，为防止肺脏衰竭，大气内应含有一种生理惰性的稀释气体。

阐释：供长期呼吸的正常大气中除含氧气之外，必须含有其他稀释性气体，该稀释性气体除能降低着火阈值外，还能防止肺脏衰竭。稀释性气体的选择与诸多因素有关，包括其生理活性以及对减压病（DCS）的贡献。

6.2.1.2　乘员暴露的氧分压范围 [**V2 6003**]

系统**必须**维持氧分压在 $20.7\ kPa < ppO_2 \leqslant 50.6\ kPa$ 的生理范围内（$155\ mmHg < ppO_2 \leqslant 380\ mmHg$，$3.0\ psia < ppO_2 \leqslant 7.35\ psia$）。

阐释：除了在执行联合操作、对接操作和出舱活动外，在其他所有时段内，系统必须将氧分压维持在特定的范围内。提供的氧分压范围是，任何人无限期暴露后都不会发生明显的健康或工作效率损害的生理限值。

6.2.1.3　二氧化碳水平 [**V2 6004**]

二氧化碳的水平应限制在 JSC 20584《航天器内空气污染物最大容许浓度》中描述的水平。

阐释：要求只规定二氧化碳的上限，不存在人类生存必须的二氧化碳最低水平。限值是针对无限期暴露而制定的，但也可能针对应急环境制定超出无限期暴露限值的短期暴露限值。高于无限期暴露限值的二氧化碳持续暴露时间应基于预期的工作能力和健康损害程度以及其导致的风险。

6.2.1.4　其他大气成分 [**V2 6005**]

其他的大气组成成分的浓度**必须**与 JSC 20584 规定一致，以防止产生生理性损害。

阐释：应定义航天飞行中预期的大气污染物暴露限值，以保护乘员不生病或受伤害。航天器最大容许浓度（SMACs）为短期暴露（$1 \sim 24\ h$）、中期暴露（$7 \sim 30\ d$）和长期暴露（$180\ d$）时这些成分的暴露限值提供了指南。SMACs 的设置考虑了载人航天飞行的几个独特的因素，包括人的生理应激、航天员普遍良好的健康状态，但是没有考虑孕妇和幼儿。

6.2.2　大气压力

6.2.2.1　乘员暴露的总压耐受范围 [V2 6006]

系统应将航天员暴露的压力环境维持在 20.7 kPa＜压力≤103 kPa（3.0 psia＜ppO_2≤15 psia）之间，这样人无限期暴露不会发生明显的健康或工效损害。

阐释：设计师和生理学家必须评估和权衡各种不同的大气组合方式。由于低总压使得过渡到低压舱外服的过程非常简单，因此低总压是可取的（低压出舱服相对不僵硬，而且活动范围更大）。低总压要求大气氧浓度维持在一个较高的水平，以便达到可以接受的氧分压。但是，由于氧气的助燃特性，富含氧气的空气会引起安全性的风险。

6.2.2.2　压力变化率 [V2 6007]

飞行器内总压的变化率应限制在 −207 kPa/min（−3.45 kPa/s，−1 550 mmHg/min）和 93.1 kPa/min（1.55 kPa/s，698 mmHg/min）之间。

阐释：限制压力的变化速率是为防止在减压和复压过程中乘员出现耳和肺的损伤。增压速率限值是为避免空间飞行条件下出现气压伤。因为航天飞行中微重力条件导致头部和鼻窦充血，因此，增压速率比美国海军潜水手册允许的 45 psi/min（2 327 mmHg/min，100 ft/min，5.17 kPa/s）的下潜速度限值保守得多。减压速率限值与美国海军潜水手册规定的 29 psi/min（1 520 mmHg/min，66 ft/min，3.33 kPa/s）的上浮速率一致。

6.2.2.3　减压病风险识别 [V2 6008]

每个飞行计划都应确定一个针对该任务的减压病风险限值，以保障航天员的健康。

阐释：确定减压病风险限值是为了对减压病风险的各个参数提

出协调一致的要求，如总压、氧分压以及航天器或服装减压前的预呼吸等。

6.2.2.4　减压病（处置）能力［**V2 6009**］

系统**应**提供减压病的治疗能力。

阐释：压力环境的变化使得减压病（DSC）成为航天飞行和出舱活动的潜在风险。需要有快速和恰当的干预使患病乘组的愈后最佳。如果尽早对减压病实施治疗，疗效的成功概率更高，而且将明显减少高压氧治疗的强度和持续时间。

因此，尽快让航天员回到初始的饱和压力非常重要。这能减轻减压病症状。初始饱和压力是指出舱活动开始前的 36 小时内航天员暴露的最高压力。如果不能迅速处理，可能需要更高的压力来治疗减压病症状。美国海军治疗表 6，即 II 型减压病氧疗法（在高压舱治疗）是在地面上治疗大多数类型减压病的标准。然而，由于支持该标准所需的资源不能在轨提供，因此地面标准可能无法实现或根本不需要，亚地面标准的预期疗效是可能满足于高空减压病症状的治疗的。

6.2.3　大气湿度

6.2.3.1　相对湿度［**V2 6010**］

在所有的任务操作期间（不包括不到 4 小时的着装操作、着陆后到舱门打开时间段）每 24 小时内平均相对湿度**必须**维持在 25%～75%之间。

阐释：平均湿度维持在低限（25%）以上是为了避免环境过于干燥影响黏膜的功能、避免静电在舱内累积。静电的累积将对人产生电击的风险。平均湿度控制在高限（75%）以下是为了维持乘员的舒适性，并减少冷凝水的形成。手套内湿气过多会导致指尖损伤。应考虑到可预期的湿度增加，例如锻炼期间。

6.2.3.2　着航天服和着陆后相对湿度［**V2 6011**］

对于短于 4 小时的着航天服操作和正常着陆后操作而言，系统**应**将平均相对湿度限制在表 1 所示的水平。

阐释：平均湿度维持在低限以上是为了避免环境过于干燥影响黏膜的功能。暴露在低湿度环境时，为避免航天员脱水，应该为其额外补充水分。为保障航天员的舒适性，湿度维持在高限之下以便有效的蒸发散热和减少冷凝水的形成。手套内湿气过大会导致指尖损伤。在不着服装的情况下，高湿度环境会干扰正常的蒸发散热。因此，温热环境下较高的相对湿度还会导致核心体温偏高的额外危害。

表 1   平均相对湿度

平均相对湿度	允许暴露时间
RH≤5%	1 h
5%<RH≤15%	2 h
15%<RH≤25%	4 h
25%<RH≤75%（额定范围[1]）	无限制[2]
75%<RH≤85%	24 h[3]
85%<RH≤95%	12 h[3]
RH95%	8 h[3]

注：[1]为了体现完整性表中列举了额定的湿度范围。

[2]加大温度在额定的范围内，如本标准的 6.2.4.2 节。

[3]仅适用于着陆后脱出航天服的状态；如果温度超出额定的变化范围，允许的暴露时间将更短（见本标准的 6.2.4.2 节）。

6.2.4   大气舒适与温度

6.2.4.1   舒适带 ［**V2 6012**］

在所有的任务阶段（包括预案的故障情况在内），系统应能将热环境条件维持在图 1 所示的"环境舒适带"的舒适范围内。

阐释：舒适带指的是温度、相对湿度等环境条件的变化范围，在此范围内人能达到热舒适，且其进行日常活动的工作效率不会受到热应激的影响。热舒适受到工作负荷、着装状态和习服状态等影响。明确这些环境因素的组合方式非常重要，因为当湿度和温度的要求分别都符合舒适带的要求时，两者结合在一起却超出了舒适带。

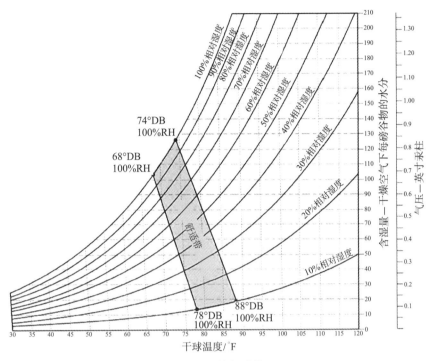

图 1　环境舒适带

6.2.4.2　温度范围 ［**V2 6013**］

在所有的正常操作过程中（不包括着航天服的操作、上升段、入轨、着陆和着陆后），系统**应**将环境温度维持在 18～27 ℃之间。

阐释：这个温度范围指的是人能达到热舒适，并且开展日常活动的工作效率不受热应急影响的环境条件范围。

6.2.4.3　乘员热蓄积 ［**V2 6014**］

在上升、入轨、下降、着陆、着陆后、应急情况、大于 12 小时着航天服操作期间，系统**应**能防止每名乘员热量蓄积超过认知下降的阈值，即 4.7kJ/kg（2.0Btu/lb）＞热积＞ － 4.1kJ/kg（－ 1.8Btu/lb）。其中，热积值是利用公认的、得到 NASA 证实的热调节模型，例如 41 体节人（短时人体代谢计算机程序文件－穿着环境服装时人体的热调节模型）或 Wissler 模型计算的。

阐释：这些热限值的目的是为了涵盖由于应急环境（包括过高的代谢率），或由于环境热负荷非常大的操作暴露（包括着航天服操作）造成的短暂的温度偏移。

6.2.4.4　温度显示 [**V2 6015**]

系统**应**为航天员提供并显示当前的空气温度。

阐释：乘员应能看到当前的温度，以便航天员决定如何控制大气参数的设置，以维持乘员的舒适和偏好。

6.2.5　大气控制

6.2.5.1　大气控制 [**V2 6017**]

系统**应**具备由航天员控制大气压力、温度、湿度和氧分压的功能。

阐释：控制大气条件的能力对于确保高效的工作非常重要，如温度和湿度的控制对于维持航天员舒适性非常重要，因预期的座舱减压而进行的氧分压和总压控制对于任务性的作业非常重要。

6.2.5.2　通风控制 [**V2 6018**]

为达到本标准的 6.2.1.3 节的要求，乘组**应**能调节通风速率和风向。

阐释：座舱局部通风控制功能允许航天员在通风流量过小或过大时自行调整。通过调整空气流动控制，乘员舱局部通风功能能防止呼出的富含二氧化碳的空气在头部周围蓄积。另外，通风量过大会造成头面部黏膜干燥不适。

6.2.5.3　远程调节 [**V2 6019**]

系统**应**具备远程调节大气压力、温度和氧分压的功能。

阐释：当载人飞船准备停靠一艘无人飞行器时，远程调节大气参数的功能是非常重要的。在进驻前，该无人飞行器的大气必须建立适于居住的环境。远程调控可由处于失重状态的其他飞行器或行星表面或地基控制中心来实施。

6.2.6　大气数据可用性

6.2.6.1　大气数据记录〔V2 6020〕

对于每个可以独立的、适居的舱段，系统**应**能自动记录压力、湿度、温度、氧分压和二氧化碳分压数据。

阐释：乘组应能获得他们能造访的每个适居舱段（可以通过气闸舱门隔离的舱段）的环境数据，因为这些参数中的每一项对航天员的健康和舒适均至关重要。另外，分析既往记录的数据有助于避免损害乘组和飞船的环境状况出现及故障排除。

6.2.6.2　大气数据显示〔V2 6021〕

系统**应**具备为乘组实时显示压力、温度、湿度、氧分压和二氧化碳分压的功能。

阐释：这些大气参数对于人的健康和舒适性非常重要。乘组应能获取这些大气数据。乘组需要实时观察环境状态，以便避免危害他们自身和飞船的环境状况出现。

6.2.7　大气监测与报警

6.2.7.1　大气监测与报警〔V2 6022〕

系统**应**能监测大气参数，包括大气压力、湿度、温度、氧分压和二氧化碳分压，并且当上述参数超出安全限值时向乘组报警。

阐释：系统应具备监测大气环境的功能，当参数超出设定限值时做出识别，以便系统向乘组报警，乘组采取适当的措施以维持健康和安全。更多信息见本标准的10.3.4节和10.7.2节。

6.2.7.2　微量化合物监测与报警〔V2 6023〕

除了近地轨道飞行和少于30天的飞行任务外，系统**应**监测微量挥发性污染物，如乙醇、芳香族化合物和乙醛，并且当这些目标污染物浓度接近容许限值时向乘组报警。

阐释：监测和报警系统应具备以下功能：辨别检测到的有害污染物，并向乘组报警，以便乘组采取保证健康和安全的适当措施。对于识别影响航天员健康和安全的大量的污染物，包括当前无法预计的毒性物质或通常不作为空气成份考虑的物质，微量污染物检测方法的应用非常重要。污染物的容许限值可以基于 SMACs 或国际合作伙伴的协议而制定。

6.2.7.3　燃烧的监测与报警 [V2 6024]

系统应具备连续监测燃烧发生前、中、后的由预燃和燃烧事件释放的有毒大气成分的功能，并且及时向乘组预警，以便他们采取适当的处理措施。

阐释：监测和报警系统应具备以下功能：检测到有毒物质时准确识别并向乘组报警，以便他们采取适当措施保证健康和安全。由于飞船内发生燃烧是极其危险的，因此报警应足够快（如 5 s 内），以便乘组处理险情（如找到并使用灭火器）。

6.2.7.4　污染物监测与报警 [V2 6025]

系统应能监测和显示污染事件（如有毒物质释放、系统泄漏、外源性的）发生前、中、后导致的大气混合物的级别，并且及时向乘组预警，以便他们采取适当的处理措施。

阐释：当污染物出现时，向乘组报警以便其采取适当的措施来保证健康和安全是非常必要的。另外，事件发生后的监测也非常重要，以便判断污染等级对于航天员暴露是否安全。当检测到污染物后，必须实施监测识别以便发生危险时能立即报警。在出舱活动后，对一些潜在的污染物如肼、甲基肼、四氧化二氮、氨气，必须实施监测。在首次月面出舱活动及随后的任务中，必须对月尘实施监测。

6.3　水

提供合格水质面临的挑战，因不同的系统设计和不同的水源而各异，例如回收冷凝水和地面供给水。在设计过程中，可以通过设计消除早期识别潜在的水质影响。在验证水质、评估发展趋势、证明水的潜在暴露危险性时，通过飞行中和飞行前分析技术进行水质监测是非常有用。

6.3.1　水质

6.3.1.1　水的生化限值［**V2 6026**］

考虑乘员的消耗和接触范围，系统**应**提供可饮用水供乘员安全使用，包括饮用、食物复水、个人卫生和医疗需要。

阐释：JSC 毒理学小组和国家研究顾问委员会的一个分会合作，专门为载人航天器建立了针对特定优先考虑的化合物的水质安全污染物水平，然而 JSC 63414《航天器水暴露指南》（SWEGs）目前的列表并不是完全涵盖的，一些其他的化合物可能也需要关注。对于其他化合物，可以使用美国环境保护局的最高污染物水平作为保守的筛查限值（更多的指导可参见 HIDH 中的第 6 章）。为了确定水中的污染物种类，对潜在的各种水源需进行彻底的化学特性分析。乘员消耗或接触点是指用于饮用、食物复水、个人卫生和医疗用途的饮用水的分配地点，以及任何潜在的飞行中维护地点。

6.3.1.2　水的微生物限值［**V2 6027**］

在乘组消耗或接触地点，系统**应**向乘组提供不高于表 2 中规定的微生物限值的饮用水，用于饮用、食品复水、个人卫生和医用。

阐释：符合微生物安全的水，对于预防感染、减少乘组健康和工作效率方面的风险至关重要。乘员消耗或接触点是指用于饮用、食物复水、个人卫生和医疗用途的饮用水的分配地点，以及任何潜在的飞行中维护地点。

表 2　饮用水的微生物限值*

细菌种类	最大允许浓度	单位
细菌数	50	CFU/mL
大肠细菌	100 mL 样品中未发现	–
真菌	100 mL 样品中未发现	–
寄生动物	0	–

* SSP 50260，国际空间站医学操作必备手册（MORD）。

注：CFU＝生物群落单位。

6.3.1.3 水的优化限值 [**V2 6028**]

饮用水**应**满足表 3 中规定的优化标准。

阐释：水的优化限值专门为载人航天器制定，应符合限值要求以确保水的口感。这对于确保乘组喝足够的水、保持水分十分重要。

表 3 饮用水的优化限值

特征种类	限值	单位[1]
口感	3	TTN
气味	3	TON
浑浊度	1	NTU
颜色	15	PCU
游离气体和溶解气体[2]	0.1	%
酸度(pH)	4.5～9.0	N/A

注：[1] TTN，口感极值；TON，气味极值；NTU，浊度单位；PCU，铂-钴单位。

[2] 在室内气压和 37 ℃（98.6 ℉）时的游离气体，在室内气压和 37 ℃（98.6 ℉）时的溶解气体。

6.3.2 用水量

6.3.2.1 饮水量 [**V2 6029**]

系统**应**向每个乘员每天至少提供 2.0 kg（4.4 lb）的饮水量。

阐释：为了维持每个乘员体内正常的水分和使乘员能开展正常的工作，需要 2.0 kg（4.4 lb）的饮用水。排出足够的尿液以清洁代谢废物以及补偿出汗和其他感觉不到的水分损失，也需要这个水量。摄入量低于 2.0 kg（4.4 lb），会增加乘员水不足或脱水的风险，因黏膜干燥、出鼻血、头疼、不适、断续睡眠、尿路感染或尿路结石（如果缺水状况持续的话）等，会引起沟通不畅和乘组工作效率不高。

6.3.2.2 复水用水量 [**V2 6030**]

除了本标准 6.3.2.1 中规定的水量外，系统**应**向乘组每人每天提供足够量的饮用水用于食品复水。

阐释：应定义用于复水的饮用水量，其取决于飞行任务的长短、乘员人数以及食品系统的设计。航天飞行食品系统的设计方案中一般都包括一定量的脱水食品和饮料，它们需要使用定量的室温饮用水或加热过的饮用水进行复水。

6.3.2.3　复水热水量［V2 6031］

对于超过3天的任务，系统**应**提供足够量的热饮用水，以支持热的食品和饮料的复水。

阐释：当任务超过几天后，热的食物和饮料具有重要的心理意义。提供热水的量取决于乘组的人数、任务期长短以及提供食物和饮料的种类。

6.3.2.4　个人卫生用水量［V2 6032］

系统**应**根据载人航天飞行计划确定的量，每天向每个乘员提供足够的饮用水用于个人卫生。

阐释：应确定个人卫生使用的饮用水的量，这取决于任务长短、乘员的人数以及卫生系统的设计。有些卫生活动可能不需要水，例如使用免冲洗香波、湿毛巾。

6.3.2.5　洗眼用水量［V2 6033］

系统**应**能针对特定事件立刻提供可用的洗眼用水，例如灰尘、异物、化学品灼伤及其他的眼睛刺激等。

阐释：根据航天飞机、国际空间站（ISS）和阿波罗计划的经验与数据，航天飞行需要眼睛冲洗。对于特定的事件应有冲洗眼睛的能力，特别是登月任务，因为在月球表面尘埃暴露的风险增加。

6.3.2.6　医学应急用水量［V2 6034］

系统**应**能根据载人航天飞行计划确定的量为医学应急提供充足的、即时可用的水，如化学暴露/烧伤。

阐释：根据航天飞机、国际空间站和阿波罗计划的经验与数据，航天飞行中的许多情况都需要医学应急用水，包括眼睛和伤口的冲洗。有些医学情况需要大量的水，比如眼睛或伤口中有了 LiOH 或其他有毒物质。然而，这些事件是异常的，比任务中其他颗粒事件发生频率要低，可以看成是意外事件。提供的水量取决于乘员人数及预期的应急情况，并应确保能提供治疗。

6.3.2.7　着服装操作用水量　[**V2 6035**]

对于穿航天服操作的乘员，系统除了正常的饮用水提供量外，应每小时多提供240 mL（8 oz）/h 的饮用水。

阐释：穿航天服操作时，为了防止因出汗及其他水损失而造成的脱水，并提高舒适性，饮用水非常必要。增加 240 mL（8 oz）是基于穿航天服操作时所测量的呼吸和出汗的水损失量。在月面 EVA 任务中，乘员很可能会穿航天服长达 10 小时，其中包括大约花费 7 小时在月面上。

6.3.2.8　地球再入时体液补充用水量　[**V2 6036**]

对于每次任务结束（EOM）机会，系统应向每位乘员提供至少 1.0 kg（2.2 lb）的饮用水，用于再入体液补充对抗措施。

阐释：1.0 kg（2.2 lb）用量是基于航天飞机航空医学规范制定的再入体液补充量，它要求 1.5 L（48 oz）的初始体液补充量，其中 0.5 L 来自未被消耗的、分配给每个乘员的日常饮用水。这种分配方式能够确保正常的 EOM 体液补充以及一次 EOM 推迟 24 小时的机会。没有这种额外的水分配，乘组就没足够的水进行体液补充，可能在脱离轨道过程中和脱离后发生血液动力学的损害。不足的体液补充几乎可以肯定会引发一些（如果说不是全部的话）乘员的生理困难。

6.3.2.9　乘组回收用水量　[**V2 6037**]

在乘组着陆后的回收期间，系统应为每个乘员每 8 小时提供至少 1.0 kg（2.2 lb）的饮用水。

阐释：在着陆后 36 小时内需提供水，以保证乘员的身体水分正常。如果发射中断，保持身体水分所需的水量可能会很少，因为乘组还没有经历太空飞行中的体液流失。

6.3.2.10　采样用水量　[**V2 6038**]

系统应提供足够的饮用水以保证水质采样需要。

阐释：应定义并提出正常饮用水需求量之外的取样所需的用水量，这样做是为了确保水的质量。

6.3.3　配水

6.3.3.1　配水速度［**V2 6039**］

水**应**以与食品系统相匹配的速度进行分配。

阐释：应定义配水速度，以确保乘组在合理的时间内准备并完成各项工作，如给饮水袋灌水、对食品进行复水。这个速率取决于食品系统的设计以及给饮料和食品复水所需的水量（如果需要的话）。

6.3.3.2　配水的增量［**V2 6040**］

为了防止溢出，水**应**以指定的、与食品系统匹配的增量进行分配。

阐释：为了正确地给食品和饮料复水，应定义分配水的增量。此外，当确定食品和饮料的复水程度时，应将口感作为评估的一部分。

6.3.4　水温

6.3.4.1　热饮水温［**V2 6041**］

用于热饮的水温**应**控制在 $68.3 \sim 79.4\ ℃$（$155 \sim 175\ ℉$）之间。

阐释：许多复水饮料作为热饮对乘员来说是很熟悉的，因此热着喝口感更好。温度为 $79.4\ ℃$（$175\ ℉$）的水可以使复水后的饮料保持在 $68.3\ ℃$（$155\ ℉$）以上，这能够防止微生物的生长。较高的水温也可以使饮料复水更快。

6.3.4.2　冷饮水温［**V2 6042**］

对于超过3天的任务，系统**应**为冷饮提供水温不超过 $15.6\ ℃$（$60\ ℉$）的饮用水。

阐释：在长期飞行任务中，乘员会对重复的食品和饮料感到厌烦。提供冷水是保持乘组吃饭兴趣的重要方法，并提供了一个接触熟悉的地球生活的方式。航天飞机飞行任务中，就提供了冰水［通常在 $7.2 \sim 11.7\ ℃$（$45 \sim 53\ ℉$）之间］。此外，国际空间站为乘组提供冷却器，用于给饮料和食品降温。冷水使某些饮料和食物（如虾鸡尾酒、混合浆果、草莓和早餐麦片）更容易让人接受。

6.3.4.3　食品复水温度［**V2 6043**］

用于食品复水的饮用水温度**应**控制在 68.3～79.4 ℃（155～175 ℉）之间。

阐释：许多温热的复水食品对于乘组人员来说是很熟悉的，因此复水食品热着吃口感更好。温度为 79.4 ℃（175 ℉）的水可以使复水食品的温度保持在 68.3 ℃（155 ℉）以上，这能够防止微生物的生长。较高的水温也可以使食品复水的速度更快。

6.3.4.4　个人卫生用水温度［**V2 6044**］

个人卫生用的饮用水温度**应**控制在 29.4～46.1 ℃（85～115 ℉）之间。

阐释：这个温度范围支持令人舒服的人体清洗。

6.3.4.5　医用水温［**V2 6045**］

医学事件中使用的饮用水温度**应**控制在 18～28 ℃（64.4～82.4 ℉）之间。

阐释：要求这个温度范围是为了防止清洗时对组织造成热损伤。

6.3.5　水质监测［**V2 6046**］

水质监测能力**应**包括飞行前、飞行中、飞行后对水质进行采样和分析。

阐释：对飞行前水的采样和污染物评估进行严格的地面操作，能最大限度地减少飞行中污染物的监测需求，以及对超标的水质参数进行处理。飞行中的采样能力，对长期任务中实时污染物检测以及按需对存储和再生水系统进行治理提供了支持。对飞行中和着陆后样品的地基质量分析，提供了乘员暴露的记录，并用于确定后续的地面处理步骤。

6.4　污染物

系统内部的空气、水和表面可能被运行时的多种飞行污染源污染，包括材料脱气、载荷、其他运输飞船、乘员和行星环境。因此，会释放到居住空间的化学品只有在不会分解为有毒化合物、不会威胁到乘员健康时，才能在航天器内使用。

6.4.1 毒性化合物

6.4.1.1 毒性危害等级 3 ［V2 6047］

系统在航天器居住空间内，**应仅能**使用毒性危害等级 3 或以下的化学品，毒性危害水平定义见 JSC 26895《航天器化学品和试验材料的毒性危害评估指南》。

阐释：该要求的目的不是限制和控制使用可能会脱出毒性危害等级 3 的化合物的材料，例如涂料。它的目的是，当在系统居住空间使用该材料时，必须加以控制，以符合 JSC 20584 的标准。另外，毒性危害等级 3 或以下的化合物可能引起乘员即刻的健康损害，因此，必须给乘员提供泄漏污染物的防护措施。这些措施能让乘员清除掉被污染的表面和空气中的毒性危害等级 3 或以下的污染物，在此之外，系统本身必须有能力将污染控制在本标准 6.4.2 节中规定的 SMAC 限值内。但是，如果一个毒性危害等级 3 的化合物无法控制且不能清除或隔离，那么该化合物将被提升至毒性危害等级 4，并据此进行处理。

6.4.1.2 毒性危害等级 4 ［V2 6048］

系统**应**禁止 JSC 26895 中规定的毒性危害等级 4 的化合物进入航天器居住空间。

阐释：毒性危害等级 4 的化合物不能被乘员清除，有造成永久伤害的风险甚至更糟糕。该物质释放后，要求无保护措施的乘员撤离该舱段，直到大气再生系统清除掉该毒性物质为止。

6.4.1.3 化合物分解产物 ［V2 6049］

系统使用的化学品，**应**是那些如果释放进居住空间，在运行的任何时期都不会分解出威胁健康的有毒化合物的化学品。

阐释：在航天飞机上，只有少数化合物在大气再生系统正常工作的情况下会分解产生有毒化合物，但这些化合物如果达到一定的量且有毒的情况下才会有毒性威胁。

6.4.2　大气污染物限值—空气传播的污染物［**V2 6050**］

系统应将空气传播的污染物限制到当前的 JSC 20584 规定的 SMAC 水平。

阐释：应定义航天飞行中预期的大气污染物暴露限值，以保护乘员不生病或受伤害。SMACs 提供这些污染物短期暴露（1～24 h）、中期暴露（7～30 d）和长期暴露（180 d）的指南。SMACs 的设置考虑了载人航天飞行的几个独特因素，包括人的生理应激、航天员普遍的良好健康状况，但是没有考虑孕妇和幼儿。

6.4.3　水污染控制［**V2 6051**］

系统应能防止微生物、气体（包括尘）、化学品和其他非饮用水源带来的污染，以确保饮用水和卫生用水安全。

阐释：确保向乘员在轨传输饮用水十分重要，但传输系统和环境中可能有污染源。

6.4.4　粒子污染物控制

注意：对于污染物，在下面的章节中仅使用公制计量单位。

6.4.4.1　颗粒物［**V2 6052**］

对于超过 14 天的任务，系统应限制舱内空气中空气动力学直径为 0.5～10 μm（可吸入颗粒物）颗粒物的浓度＜1 mg/m^3，10～100 μm 颗粒物的浓度＜3 mg/m^3。

阐释：这些限值相当于 ACGIH 规定的滋扰粉尘限值水平的 1/5 和 1/3，这与航天器内日常灰尘量最相近。但这不包括反应性灰尘，如 LiOH 和地外的灰尘。

6.4.4.2　月尘污染物［**V2 6053**］

系统应将舱内空气中 0.1～10 μm 的月尘粒子浓度限制在 0.05 mg/m^3 以下。

阐释：除了普通颗粒物外，月尘也会引起危害。这个限值的制定基于目前颗粒物容许浓度最低限值，是由月面大气粉尘毒性评估小组（LADTAG）于 2007 年估算出的，它可能随月尘毒性研究的深入进行修改。

6.4.5　微生物污染预防

6.4.5.1　真菌污染 [**V2 6054**]

在正常系统运行期间,系统**应**将舱内空气中真菌污染水平限制在 100 CFU/m³ 以下。

阐释:真菌限值对于防止感染十分重要,并与 SSP 50260 中的定义一致。

6.4.5.2　细菌污染 [**V2 6055**]

在正常系统运行期间,系统**应**将舱内空气中细菌污染水平控制在 1000 CFU/m³ 以下。

阐释:细菌限值对于防止感染十分重要,并与 SSP 50260 中的定义一致。

6.4.5.3　表面可清洁 [**V2 6056**]

系统内表面**应**便于清洁,使微生物污染物中细菌水平低于 500 CFU/100 cm²、真菌水平低于 10 CFU/100 cm²。

阐释:这些限值旨在确保航天器内表面的细菌和真菌污染能够被清除,以降低污染物对乘组的风险,这些限值在 SSP 50260 中有详细定义。内表面在正常日复一日的使用中会变脏。这个要求可保证脏的表面能被清洁,避免出现不安全或不健康的情况。

6.4.5.4　系统运行时的表面清洁 [**V2 6057**]

在系统运行期间,系统**应**限制微生物污染物的水平,使细菌水平低于 500 CFU/100 cm²、真菌水平低于 10 CFU/100 cm²。

阐释:这些限值旨在确保航天器内表面的细菌和真菌污染物能够被清除,以降低污染物对乘组的风险,这些限值在 SSP 50260 中有详细定义。

6.4.5.5　冷凝限值 [**V2 6058**]

系统**应**防止内部空间表面持续出现冷凝水。

阐释:内部空间游离水的存在会促进微生物的生长,从而危害人员的健康。系统应该提供控制和清除措施,长时间阻止在内表面形成冷凝水，从而防止微生物生长到不可接受的水平。初始微生物浓度、可能的生物体种类、表面材料的多孔性和暴露状态可能影响与乘员健康相关的可接受的持续冷凝水水平。例如，对于已经确定对乘组健康风险很小的区域，当前的 ISS 要求对允许的持续冷凝水平提供了一定的灵活性。

6.4.5.6　空气微生物的预防［V2 6059］

系统应通过持续清洁流动空气的方法，确保 99.97% 的、直径超过 0.3 μm 的粒子被清除，以保证微生物污染水平在限值之下。

阐释：呼吸空气的微生物限值的设计主要要防止感染和过敏反应。具体的空气流速取决于航天器设计和预期的操作。这个设计要求基于类似环境的工业界卫生学推荐要求（ANSI/ASHRAE-62，可接受室内空气质量的通风），目的是满足空气污染物的实施要求。为了提供清洁空气，ISS 空气系统一直依赖高效空气粒子过滤器设计，它在控制空气微生物浓度方面运行得异常良好。

6.4.5.7　生物载荷［V2 6060］

生物载荷应满足 JSC 63828《生物安全委员会运行和要求文件》中生物安全评估委员会指南所定义的标准。

阐释：有害生物病原体包括细菌、真菌、原生生物、病毒、细胞培养菌和脱氧核糖核酸重组（DNA），其可能有传染性并造成疾病，或者污染水、食品供给和内部环境。包含有害生物材料的载荷应该保证这些材料正确地封装、处理和废弃。JSC 63828 建立了相关要求，用于识别和评估载荷和地面试验中使用的有害生物材料。

6.4.6　交叉污染［V2 6061］

系统应将乘组、如动植物的载荷以及行星环境之间的交叉污染控制到符合 JSC 63828 的可接受水平。

阐释：来自载荷和行星环境的污染可能对乘员健康带来负面影响；来自乘员和行星环境的污染可能影响载荷的科学数据；来自乘员和载荷的污染可能影响行星环境的健康，包括行星表面可能存在的微生命体。

6.4.7　环境危害信息的可用性 [**V2 6062**]

任务过程中，系统**应**以乘组可理解的形式提供毒理学和环境危害信息。

阐释：在任务过程中，若乘员意外接触毒性材料，乘员必须获取毒性信息，例如材料安全数据单（MSDSs），以确定清洁方法和暴露治疗。

6.4.8　污染物清除 [**V2 6063**]

系统**应**提供清除释放的污染物、让环境恢复到安全状态的方法。

阐释：在污染事件发生时，环境中的污染物应被清除或减少，以确保乘员健康和继续执行任务的能力。在某些情况下，例如污染物洒落，航天器系统可能无法清除污染物，乘员将不得不自己清除。污染物的清除包括污染物的控制和污染物的处理。

6.5　加速度

超过加速度限值能够严重削弱人的工作效率并引起损伤，从而威胁任务的成功及乘组的生存。

6.5.1　持续移动加速度限值 [**V2 6064**]

系统**应**限制乘员暴露的持续（>0.5 s）平动加速度的量值、方向和持续时间均在图 2《$+G_x$ 持续平动加速度限值》、图 3《$-G_x$ 持续平动加速度限值》、图 4《$+G_z$ 持续平动加速度限值》、图 5《$-G_z$ 持续平动加速度限值》以及图 6《$\pm G_y$ 持续平动加速度限值》中规定的限值以下。

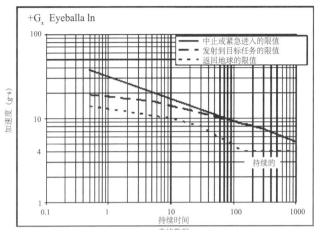

	曲线数据								
返回	持续时间/s	0.5	10	30	50	90	120	150	10000
	加速度/g	14	10	8	6.3	5	4.3	4	4
发射	持续时间/s	0.5	5	300					
	加速度/g	19	16	7.5					
应急	持续时间/s	0.5	120	300	1200				
	加速度/g	38	8.8	7.5	5				

图 2　＋G_x 持续平动加速度限值

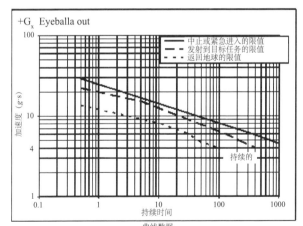

	曲线数据								
返回	持续时间/s	0.5	10	30	50	90	120	150	10000
	加速度/g	13.5	8	6	4.7	4.05	4	4	4
发射	持续时间/s	0.5	5	120	400				
	加速度/g	22	15	6	4				
应急	持续时间/s	0.5	120	300	1200				
	加速度/g	29	7.7	6.2	4.3				

图 3　－G_x 持续平动加速度限值

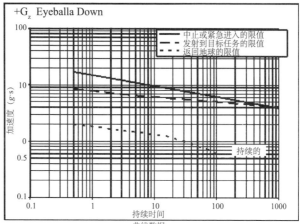

图 4　＋G_z 持续平动加速度限值

返回	持续时间/s	0.5	10	30	50	90	120	150	10000
	加速度/g	2	1.25	1	0.8	0.68	0.6	0.5	0.5
发射	持续时间/s	0.5	5	1200					
	加速度/g	8.3	6.4	4					
应急	持续时间/s	0.5	120	1200					
	加速度/g	17	6	3.8					

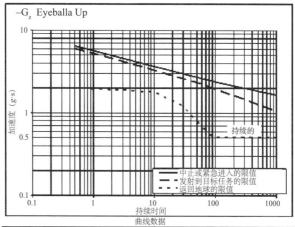

图 5　－G_z 持续平动加速度限值

返回	持续时间/s	0.5	10	30	50	80	100	120	10000
	加速度/g	2	1.8	1.2	0.8	0.55	0.5	0.5	0.5
发射	持续时间/s	0.5	5	60	1200				
	加速度/g	6	3.8	2.2	1				
应急	持续时间/s	0.5	120	1200					
	加速度/g	6.5	2.3	1.6					

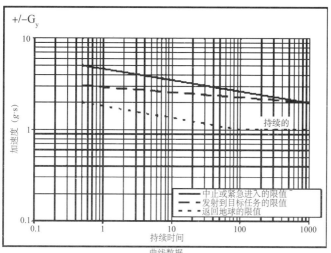

返回	持续时间/s	0.5	100	10000
	加速度/g	2	1	1
发射	持续时间/s	0.5	1000	1000
	加速度/g	3	2	2
应急	持续时间/s	0.5	1000	1000
	加速度/g	5	2	2

图 6　±G_y 持续平动加速度限值

阐释：这些图中的限值表示在正常和非正常条件下持续性平动加速度的安全水平。在这些界限之上的加速度暴露会严重影响人的机动操作能力及其与航天器的交互。返回地球的限值低于发射时的限值，因为乘组暴露于低重力环境后的脱适应会造成其能力退化。对于发射中断或应急返回的极端条件，限值较高，因为使乘组暴露于比正常需经历的更加严酷的加速度可能是不可避免的。人类应不得暴露于超过这些提高后的平动加速度限值，这将极大地增加能力丧失的风险，从而威胁乘员的生存。在使用图 2～图 6 时，加速度矢量是相对于上身体轴而言的，尤其关注从眼睛到心脏的连线。然而，这些加速度界限图表并没有说明所有的体形或者暂时偏离体轴的加速度或者体位。这就是这些限值制定保守的原因。因此，稍微偏离某一轴的限值时应该慎重评估，也许发现稍微偏离也是可以接受的。

6.5.2　旋转限值

6.5.2.1　旋转速度［**V2 6065**］

系统**应**将乘组暴露于偏航、俯仰、滚转情况下的旋转速度限制在图 7 所规定的界限以下。

阐释：图 7 中的限值表示正常和非正常条件下乘员的持续旋转加速度的安全水平。暴露在这些限值之上时会严重影响人的机动操作能力及其与航天器的交互。返回地球的限值低于发射时的限值，因为乘组暴露于低重力环境后的脱适应会造成其能力退化。对于发射中断或应急返回的极端条件，限值较高，因为使乘员暴露于比正常需经历的更加严酷的旋转速度可能是不可避免的。人类应不得暴露于超过这些提高后的旋转速度限值，因为这将极大地增加能力丧失的风险，从而威胁乘员的生存。

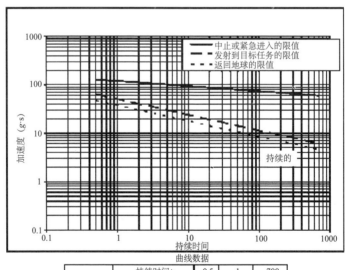

曲线数据

返回	持续时间/s	0.5	1	700
	加速度/g	47	37.5	4.5
发射	持续时间/s	0.5	1	700
	加速度/g	63	50	6
应急	持续时间/s	0.5	1	700
	加速度/g	129	120	60

图 7　旋转速度限值

6.5.2.2 持续性旋转加速度 [V2 6066]

系统应防止在偏航、俯仰、或滚转情况下乘员暴露于超过 115 (°)/s² 的持续性 (>0.5 s) 旋转加速度。

阐释：不能期望乘员在没有严重不舒服和失定向情况下忍受超过 115 (°)/s² 持续性旋转加速度。这些例子包括但不限于失控的发动机点火、发射、再入。

6.5.2.3 瞬时旋转加速度 [V2 6067]

系统应限制在偏航、俯仰或滚转情况下乘员暴露的瞬时 (<0.5 s) 旋转加速度。

阐释：不能期望乘员在没有严重损伤的情况下忍受超过 1 800 (°)/s² 的瞬时旋转加速度。冲击时会发生这种情况，期间会使乘组承受短暂的、高值的旋转加速度。

6.5.3 瞬时线性加速度变化率的限值

6.5.3.1 加速度变化率 [V2 6068]

在任何持续性 (>0.5 s) 加速度事件期间，系统应限制乘员暴露于超过 500 g/s 的加速度变化率。

阐释：加速度增长率大于 500 g/s 会极大地增加能力丧失的风险，从而威胁乘员生存。

6.5.3.2 加速度损伤预防 [V2 6069]

系统应防止动力飞行期间加速度对乘员的伤害。

阐释：在动力飞行期间，如果不使用适当的束缚和支撑系统，则存在潜在的冲击和甩打损伤，包括乘员的肢体撞击舱体表面或舱内物体、过度伸展、过度弯曲、过度旋转、骨折或错位。诸如安全带、赋型座椅、限位器等方法能够帮助维持乘员身体和肢体处于恰当的位置，从而减少运动或降低与舱体表面的接触而产生的损伤。此外，航天服的设计可能有助于降低乘员的损伤。在动力飞行期间，防止手足与舱体结构或内部物体无意识的接触能够有效减少肢体骨折或软组织损伤的可能性。手足防护装置、限位束缚、吊带和扶手已被用来减少在其他的航天器、飞机和机动车辆中的损伤。

6.5.3.3　损伤风险标准 [**V2 6070**]

系统应限制按照 Brinkely 动态响应模型 AGARD - CP - 472《先进逃逸系统加速度暴露限值的研制》计算的损伤风险标准（β）不超过 1.0。

阐释：Brinkley 动态响应模型将提供一种适合动力飞行期间<0.5 s 加速度的损伤风险评估。应用这个模型假定所有事件期间乘员均具有相似的约束限制。适合于航天器研制的人体耐受损伤风险度是在志愿者冲击试验数据和应急逃逸系统的运作经验的基础上，例如 Brinkley 标准，考虑到与长期暴露在空间微重力而引起的身体和生理失调的现有知识，进行调整使其适合再入后的着陆冲击。大量的飞机弹射座椅人体试验和丰富的应急逃逸运作经验使得利用 Brinkley 模型对 Gz 损伤预测达到很高的可信度。虽然 Brinkley 在任何给定风险水平下的最大允许值是 1.0，但是航天器乘员防护系统的设计要努力使得最大允许值在许多着陆条件和场景下尽可能适度降低。对于不同损伤概率下的包括动态响应限值的标准已经被建立。该模型主要适用于着陆场景，但也适用于加速度持续时间小于 0.5 s 的所有动力飞行阶段。Brinkley 动态响应模型的应用在 NASA/TM - 2008 - 215198《利用乘员舱加速度暴露限值模型及有限元碰撞试验假人模型评估猎户星座乘员舱着陆期间的损伤风险》中进行了描述。结构破坏可能给乘员的保护带来危害，因为其以侵犯乘员空间的方式造成乘员损伤。

6.6　声学

为了确保获得一个可接受的声学环境，防止噪声引起的听力损失以及通话干扰，支持人的工作效率，本节建立了相应要求。有关应用声音传递信息的详细说明，参见本标准 10.3.4 节。

6.6.1　声学方案与验证

6.6.1.1　噪声控制方案 [**V2 6071**]

应建立并实施噪声控制方案。这个方案定义了所有工作，并记录了为了确保在系统水平上符合声学要求所需的分析和数据，包括所有明显的噪声源、噪声控制以及回响。

阐释：为确保整体航天器（包括航天服系统）满足声学限值的要求，必须形成一套噪声控制方案，确定总体噪声控制策略、声学限值的分配、声学测试、分析、矫正措施的步骤、计划以及后续行动。初步方案应在产品的设计周期的早期进行发布，当有新的数据和设计信息时，应更新噪声控制方案。方案中的噪声限值分配将定义针对系统、子系统和硬件部件的分解和进一步分解的噪音限值，这样使所有硬件总的噪声贡献符合本标准的要求。以往的航天飞行的实践证明，如果没有这样一个噪声控制方案，就很难研制出符合声学限值要求的整体系统。

6.6.1.2　声学要求验证［**V2　6072**］

声学要求**应**通过测试真实的飞行硬件进行验证。

阐释：这样做的理由如下：1）对于存在多声源和多声学传输路径的复杂航天器来说，对其声学环境建模十分困难，且可能会出现错误；2）微小的设计改变，或者即使是相同的设计、但是零件数不同（例如风扇），整体声学水平也可能改变；3）保护乘员听力的重要性。

6.6.2　声学限值

6.6.2.1　发射、再入和中止飞行段噪声暴露限值［**V2　6073**］

在发射、再入和中止操作中，乘员耳部位置的噪声暴露（不包括脉冲噪声）按 24 小时累积周期计算，**应**将噪声剂量（D）限制在小于或等于 100 水平

$$D - 100 \sum_{n=1}^{N} \frac{C_n}{T_n} \tag{1}$$

式中　N——24 小时周期中，噪声暴露发生的事件数；

　　　C_n——噪声暴露事件的实际持续时间，min；

　　　T_n——最大允许噪声暴露持续时间，依据噪声暴露时的具体
　　　　　　声压级（L_n，单位 dBA）。

按下述公式计算 T_n

$$T_n = \frac{480}{2^{(L_n-85)/3}} \tag{2}$$

阐释：噪声剂量 $D=100$，等效于持续时间 8 小时，85 dBA 时间计权平均（TWA）声压级，折算率按 3 dB 规则换算。有证据表明，等效噪声暴露级大于 85 dBA、暴露时间超过 8 小时时，将导致噪声性听力损失的危险性增加。跟据 85 dBA-8 小时的暴露标准［职业健康与安全国家研究所（NIOSH）推荐标准］，公式（2）可用于计算 24 小时噪声暴露级，计算过程中使用 3dB 折算率。为达到本部分限值的要求，护听器和通话耳机的噪声衰减效果可被计算在内。任何计划使用护听器达到限值要求的方案，都必须提供证明文件并获得批准。按本标准 6.6.1.1 节的规定，噪声控制方案为每个单机设备分配噪声水平，并对方案不断地改进维护，以确保整个系统达到本标准规定的噪声水平。

6.6.2.2　发射和返回段危险噪声水平 ［V2 6074］

在发射和返回运行阶段，系统**应**限制到达乘员耳部的总 A 计权声压级（不包括脉冲噪声）最大为 105 dBA。

阐释：已经证明，噪声水平超过 115 dBA 将导致噪声性听力损失，在需要进行音频通信的情况下，如发射和返回段，推荐使用 105 dBA 限值，为话音通信和报警信号留出 10 dB 的余量。为达到本部分限值的要求，可利用护听器和通话耳机的噪声衰减效果。任何计划使用护听器达到限值要求的方案，都必须提供证明文件并获得批准。按本标准 6.6.1.1 节规定，噪声控制方案应包含 6.6.2.2 节中规定的限值要求。

6.6.2.3　发射中止段危险噪声水平 ［V2 6075］

在发射中止运行阶段，系统**应**限制到达乘员耳部的总 A 计权声压级（不包括脉冲噪声）最大为 115 dBA。

阐释：已经证明，高于 115 dBA 的噪声水平可导致噪声性听力损失。在不需要音频通话的情况下，如中止飞行段，不必为报警信号和话音通信留出 10 dB 的余量。为达到本部分限值的要求，可利用护听器和通话耳机的噪声衰减效果。任何计划使用护听器达到限值要求的方案，都必须提供证明文件并获得批准。

6.6.2.4　发射、再入和中止飞行段脉冲噪声限值 ［**V2 6076**］

在发射、再入和中止飞行运行段，在乘员耳部位置测量的脉冲噪声**应**限制不大于140 dB峰值声压级（SPL）。

阐释：脉冲噪声限制在 140 dB 峰值声压级是为了防止脉冲噪声对人体听觉器官的损伤（MIL–STD–1474，《国防部设计准则标准》，噪声限值）。为达到本部分限值的要求，可利用护听器和通话耳机的噪声衰减效果。任何计划使用护听器达到限值要求的方案，都必须提供证明文件并获得批准。按本标准 6.6.1.1 节的规定，噪声控制方案应包含 6.6.2.4 节中规定的限值要求。

6.6.2.5　各阶段危险噪声限值（不包括发射、再入和中止飞行段）［**V2 6077**］

对于正常的在轨、月面及地外行星运行，噪声无论其持续时间长短，其 A 计权声压级（脉冲噪声和报警信号声除外）**应**限制为 85 dBA。不得为了达到本部分限值的要求，使用护听器和通话耳机的噪声衰减效果。

阐释：总声压级 85 dBA 定义为危险噪声限值，在该危险限值情况下，应采取降噪措施，以防止噪声干扰语音通话和报警信号音；同时，在这种情况下，听力损失的风险将增加。综上，必须避免这样情况发生。制定本限值有助于确保居住环境的安全。该限值不是针对常规硬件设备发出的声音，而是用来限制某些声源的声压级，如通信系统；该限值同时也限制维修活动中的噪声水平。

6.6.2.6　连续噪声限值 ［**V2 6078**］

在航天器的工作区，要求有良好的通话效果和居住环境，因此，连续噪声（不包括脉冲噪声）**应**限制在噪声标准（NC）–50 曲线给出的值，见图 8 和表 4 所示。不得利用护听器和通话耳机的噪声衰减效果来满足本限值要求。

阐释：NC-50 限制了任务运行期间乘员居住空间的噪声水平，以保障话音通信的效果和居住的舒适性。在图 8 中没有标出 16 kHz 的限值，但是在表 4 中给出了该值。本要求的限值不适用于报警信号音、语音通话音及在维修活动中的噪声水平。

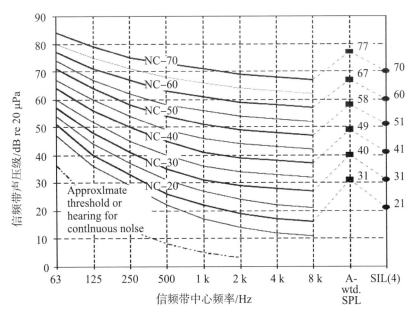

图 8　NC 曲线

注：图表中对应 NC 曲线的 A 计权声压级和言语干扰级（SIL）仅供参考（Beranek and Ver. 1992）。SIL（4）采用 4 频带方法计算的 SIL

表 4　连续噪声倍频带声压级限值（dB re 20 μPa）

信频程中心振动数（Hz）	63	125	250	500	1 k	2 k	4 k	5 k	16 k	NC
最大工作区域（NC—50）	71	64	58	54	51	49	48	47	46	50
最大睡眠区域（NC—40）	64	56	50	45	41	39	38	37	36	40

6.6.2.7 乘员睡眠区连续噪声限值 [V2 6079]

在乘员休息和睡眠区域，连续噪声声压级应限制在 NC-40 给出的值，见图 8 和表 4。

阐释：为了确保乘员听觉系统的休息，需在乘员睡眠期间提供一个安静的环境；NC-40 限值就为乘员提供了充分的听觉系统的休息。在图 8 中未标出 16 kHz 的限值，但是在表 4 中给出了该值。

6.6.2.8 间断噪声限值 [V2 6080]

对于运行时间小于或等于 8 h 的硬件设备（产生间断噪声），在距离噪音最大设备表面 0.6 m 处测量的最大噪声数值（不包括脉冲噪声），应根据表 5 确定间断噪声 A 计权声压级和对应的任意 24 h（在距离声源 6 m 处测量）中设备运行时间限值。不得利用护听器和通话耳机的噪声衰减效果来满足本限值要求。

表 5 间隔噪声计权声压级和对应的任意 24 h 中运行时间限制

24 小时之内最大噪声持续时间	声压级(dBA re 20 μPa)
8 hr	≤49
7 hr	≤50
6 hr	≤51
5 hr	≤52
4.5 hr	≤53
4 hr	≤54
3.5 hr	≤55
3 hr	≤57
2.5 hr	≤58
2 hr	≤60
1.5 hr	≤62
1 hr	≤65
30 min	≤69
15 min	≤72
5 min	≤76

续表

24 小时之内最大噪声持续时间	声压级(dBA re 20 μPa)
2 min	≤78
1 min	≤79
Not allowed*	≥80

注:* 为 85 dBA 的危险噪声限值留出余量。

阐释:表 5 给出了乘员暴露于硬件设备发出的间断噪声的限值,这些设备在运行时不可避免的产生噪声,但是其运行时间较短。间断噪声超过乘员总噪声暴露水平,可能导致不可接受的噪声水平、干扰通话以及影响乘员的休息和睡眠。

6.6.2.9　窄带噪声限值 [V2 6081]

在预期接收者的操作位置,最大报警信号音的 A 计权声压级**应**不超过 95dBA。

阐释:本限值之所以允许超过 85 dBA 的危险噪声限值要求,是为了确保报警信号音可有效地被听到。另外,乘员可根据自己的判断使报警信号音保持静音状态。

6.6.2.10　脉冲噪声烦扰限值 [V2 6082]

在乘员睡眠期间,除通话音和报警音外,系统**应**限制到达乘员头部位置的脉冲噪声在背景噪声之上 10 dB(应不得高于背景噪声10 dB)。

阐释:脉冲噪声限制在不高于背景噪声之上 10 dB,这是为了确保乘员在睡眠期间不被吵醒。通话和报警声不适用本要求。

6.6.2.11　脉冲噪声限值 [V2 6083]

除发射和再入段外,在任务的各个阶段,系统**应**限制到达乘员头部的脉冲噪声峰值声压级小于 140 dB。不得利用护听器和通话耳机的噪声衰减效果来达到本部分限值的要求。

阐释:脉冲噪声 140 dB 峰值声压级的限值是为了防止声音造成的人体损伤(MIL-STD-1474D)。

6.6.2.12 窄带噪声限值［**V2 6084**］

窄带噪声的组分或音调的最大声压级的限值**应**比包含该组分或音调的倍频带宽带声压级至少低 10 dB。

阐释：窄带噪声组分和音调的声压级被限制低于宽带噪声 10 dB，是为了防止出现使人不快和令人注意力分散的噪声环境。这些情况将影响乘员的工作效率。

6.6.2.13 次声声压限值［**V2 6085**］

次声的频率范围为 1～20 Hz，但不包括脉冲噪声。在乘员头部位置，次声的声压级**应**限制小于 150 dB。不得利用护听器和通话耳机的噪声衰减效果来达到本部分限值的要求。

阐释：次声在 1～20 Hz 频率范围内，声压级 150 dB 限值是为了避免影响乘员的健康和幸福感［参见 ACGIH 阈值水平值（TLVsR），次声和低频声，2001］

6.6.2.14 超声噪声限值［**V2 6086**］

超声噪声的声压级**应**限制在表 6 给出的值。

阐释：除非人体直接接触超声辐射源，否则超声几乎不会对人体健康产生不良影响。本要求中的限值是防止乘员暴露于超声及其附加子谐波引起的噪声中可能导致的听力损失，而不是针对超声本身。

表 6 1/3 倍频程带宽超声噪声声压级限值

1/3 倍频程中心频率/kHz	限值［1/3 倍频带声压级(dB)］	
	未超出	8 - TWA
10	105	89
12.5	105	89
16	105	92
20	105	94
25	110	—
31.5	115	—

续表

1/3 倍频程中心频率/kHz	限值[1/3 倍频带声压级(dB)]	
	未超出	8 - TWA
40	115	—
50	115	—
63	115	—
80	115	—
100	115	—

6.6.3　声学监测

6.6.3.1　声学监测［**V2 6087**］

根据乘员健康和安全的需要，**应**监测宽带声压级和与频率有关的声压级，并量化监测结果。

阐释：为确保在任务期间乘员的健康和安全、保证噪声水平低于已确定的限值要求，必须进行声学监测。在国际空间站，乘员定期使用声级计和噪声剂量计监测噪声环境。

6.6.3.2　个人噪声暴露监测［**V2 6088**］

针对每个乘员的健康和安全的需要，个人噪声暴露级**应**被监测并量化测量结果。

阐释：为了防止乘员受到过量的噪声暴露，必须了解所承受的噪声暴露水平。了解噪声暴露的情况对于乘员听力保护是十分重要的。同时，也有助于确定各种补救措施的效果和程度。这些措施包括移动到不同环境、关闭硬件设备以及采用合适的防护对抗措施。在国际空间站，乘员定期使用声级计和噪声剂量计监测噪声环境。

6.7　振动

为保证任务的成功，**应**限制乘组的振动环境暴露。过度的振动可能会导致受伤、疲劳、不适、视力降低和精确操作能力下降。

6.7.1　全身振动

6.7.1.1　发射前的振动［**V2 6089**］

系统**应**限制乘组在发射前 X、Y 和 Z 轴向经受的振动，每 10 分钟时间内 0.1～0.5 Hz 之间的频率计权加速度值应小于 0.05 g（0.5 m/s²）RMS（根据 ISO 2631-1：1997，机械振动与冲击——人体暴露于全身振动的评价，第一部分：一般要求。附录 D，公式 D-1）。

阐释：低频振动，尤其是 0.1～0.5 Hz 之间，相对短时间的振动暴露就可能导致运动病。在发射前，乘组可能会暴露在这种环境中，因为高的航天器组合体很容易前后摆动。降低摆动的幅度可以预防发射前的运动病发作。根据 ISO 2631-1：1997 附录 D，可能发生呕吐的不适应的成年人比例等于 1.3 倍运动病剂量值。计权加速度值 0.05 g（RMS）时，大约 17% 或者 1/6 的乘员会呕吐。尽管 ISO 2631-1：1997 为评估运动病给出的是垂直方向的加速度测量值，但是其是基于人在座位上的坐姿。因为乘员可能是半仰卧姿态，所以可将这一限值运用到全部 3 个轴向（X、Y 和 Z）。10 分钟的综合时间是为了控制发射前 2 小时内允许平均摆动值的偏差。

6.7.1.2　10 分钟以内的振动暴露［**V2 6090**］

系统**应**限制乘组受到振动，根据 ISO 2631-1：1997（E）加权方法计算，在动力飞行阶段，0.5～80 Hz 之间的 X、Y 和 Z 加速度矢量和**应**小于或等于表 7 动力飞行段根据暴露时间的加权振动限值中规定的水平和持续时间。

阐释：虽然关于高强度振动对健康影响的数据十分有限，尤其是与超重加速度（也就是说大于 1 g）同时发生时，但如果在这个时间段振动幅度超过限值，内脏和组织结构可能受到损害。这个持续时间（小于 10 分钟）涵盖了上升段和返回段的振动时间。

表 7　动力飞行段根据暴露时间的加权振动限值

24 小时内的最大振动暴露时间	最大频率计权加速度值
10 分钟	3.9 m/s² RMS (0.4 g RMS)
1 分钟	5.9 m/s² RMS (0.6 g RMS)

6.7.1.3　任务的非睡眠时间长时间振动暴露健康限值 [**V2 6091**]

根据 ISO 2631 - 1：1997（E）计算，乘组暴露的 X、Y 和 Z 频率计权加速度矢量和应不超过 ISO 2631 - 1：1997（E），附录 B 图 B.1 规定的最小的健康指导区域水平。

阐释：生物动力学和流行病研究表明，长时间暴露在高强度全身振动环境中会显著增加健康风险。根据 ISO 2631 - 1：1997（E）附录 B.3.1，"健康指南警告区域以内的暴露对于健康的影响效果没有明确的证明文件和/或客观的观测数据。"

6.7.1.4　睡眠时振动暴露限值 [**V2 6092**]

根据 ISO 6954：2000（E）《机械振动——对客货船适居性振动的测量、报告和评估指南》附录 A 的加权方法，在睡眠时，乘组暴露在 1~80 Hz 之间 X、Y 和 Z 计权加速度每个轴向在每 2 分钟间隔内应小于 0.01 g（0.1 m/s²）RMS。

阐释：对于长时间暴露（约 8 小时），乘组暴露于较小的振动会严重影响乘组的睡眠。ISO 6954：2000 提出了客货船睡眠区域适居性的振动暴露指南，反映了居住者对这些区域振动的感知。ISO 6954：2000 中第 7 部分说明了在船上乘组居住区域 0.01 g（0.1 m/s²）RMS 或者更小的振动很可能不会引起居住者的抱怨。

6.7.1.5　振动的工效限值 [**V2 6093**]

振动应不得降低乘组完成任务的工作效率。

阐释：作业和与之相关联的装备应设计为在振动期间避免不可接受的效率降低。因此，虽然振动限值取决于特定任务，但任务的选择和设计也要适应所处的振动水平。应建立针对具体任务的工效标准，然后需要评估振动对作业的影响。评价振动的量级和精度取决于任务的重要程度。

6.7.2　手部振动 [**V2 6094**]

根据 ANSI S2.70 - 2006《人体暴露手传振动的测量和评估指南》计算，系统（包括工具、设备和过程）**应**将乘组手部暴露的加速度限制在不超过 ANSI S2.70 - 2006 附录 A，图 A.1 所规定的每日暴露活动值。

阐释：根据 ANSI S2.70 - 2006 附录 A.1.1，每日暴露活动限值描述了健康风险的域值，其定义为"足以在部分振动暴露个体手部和手臂的血管、骨骼或关节、神经或者肌肉系统引起异常征兆、症状和实验室化验结果的手传振动暴露剂量。"

6.8　辐射

6.8.1　电离辐射

通过系统设计、飞行中监测和程序、任务结构设计和规划以及采取适当的对抗措施，对乘组的职业电离辐射进行管理。NASA - 3001 第 1 卷规定了航天允许暴露的具体限值，这些限值包括了不同年龄和性别职业癌症风险限值以及短期飞行无职业癌症效应的限值。就像 NASA - STD - 3001 第 1 卷定义的，对于航天员空间辐射而言，该限值是使航天员接受能达到的尽可能少（ALARA）的辐射，保证航天员所受剂量不接近限值，而且这些限值不能看成是耐受限值。在实践中，在飞船设计和运行阶段应用 ALARA 原则进行管理，使得航天员遭受的电离辐射控制在限值范围内。

6.8.1.1　电离辐射防护限值 [**V2 6095**]

计划中**应**设定系统设计要求，以防止航天员超过 NASA - STD - 3001 第 1 卷规定的 PELs 限值的潜在可能。

阐释：NASA - STD - 3001 第 1 卷中规定，实施辐射设计要求是为了限制暴露致死风险（REID）并防止出现明显的临床健康影响，包括飞行中的工作效率下降、疾病或者死亡。在任务计划以及所有的架构元素（包括 EVA）的系统设计限制分配，都要考虑每次任务的具体情况及乘组以前曾经有过的辐射暴露。在提出设计要求时，计划也需要考虑航天员个体经过几次任务累积的 REID。这样就可能使有经验的航天员支持多次任务。但是根据职业限值的严格限定，不建议在航天员选拔时选用已经接受过辐照的人员。这是由于在航天员选拔时，要将航天员之前所接受的辐射剂量计入累积剂量，其不能超过个人辐射剂量限值。关于各种任务情况以及乘组选拔情况的事例在 HIDH 中讨论。

6.8.1.2　设计需求中乘组的年龄/性别定义 [V2 6096]

当设置辐射设计要求时，计划**应**规定乘组组成的年龄和性别基线。

阐释：职业癌症风险限值因年龄和性别的不同而不同。因为辐射存在延迟效应，而且两性之间辐射敏感器官类型、辐射敏感性以及预期寿命都不同。所以对于大部分任务情况，配置的系统设计要求以 95% 的置信区间不超过年轻女性的职业癌症限值为设计标准。由于设计要求是基于年龄和性别的风险预期，所以乘组的组成有详细规定。未来对暴露致死风险（REID）的提高会改变这些规定。

6.8.1.3　设计方法 [V2 6097]

项目**应**利用 ALARA 原则设计系统以限制乘组辐射暴露。

阐释：ALARA 原则是确保航天员安全的法定要求。ALARA 最重要的功能是保证航天员不接近辐射剂量限值，而且该限值不能看成是耐受值。ALARA 是将辐射防护整合进设计中的迭代过程，这样可以在航天器系统其他约束条件下优化设计，提供最大可能的防护。在未来经费充足的情况下，辐射防护的 ALARA 可能会实现。

6.8.1.4　辐射环境 [V2 6098]

项目**应**规定验证辐射防护设计要求时所使用的辐射环境。

阐释：建立系统设计要求、航天器设计和所有项目结构物品的研发，以及对要求本身进行验证时，应利用相关的空间辐射环境。系统设计要求是根据癌症职业风险限值计算的不确定性得出的，因此应当具体说明确定这些要求时的相关辐射环境，因为 95％ 的置信区间取决于事件辐射场［太阳粒子事件（SPE），银河宇宙射线（GCR）］以及能提供的屏蔽。相关的空间辐射参数包括太阳活动极大年和极小年、能谱、精确模型的输入、假设及模型的选项等。

6.8.1.5　空间天气监测［**V2 6099**］

项目中**应**设置要求，规定实时监测空间环境的恰当能力，用以掌握辐射环境的特点，以及供地面人员和航天员乘组采取应对措施。

阐释：由于辐射类型不同、从业人员数量少及航天员飞行期间离地面距离较远，使得航天员空间辐射防护与地面有很大的不同。空间辐射源在物理和生物损伤特性上与地面辐射相比有很大的不同，并且人所关注的粒子能谱及能量与电子设备有很大的不同。无论是在短的还是长的时间尺度内，空间天气可以直接影响大部分空间辐射环境。应了解任务期间所有时间的空间天气情况，以制定合适的空间辐射防护计划。

6.8.1.6　电离辐射报警［**V2 6100**］

系统**应**包括当辐射水平超过可接受水平时对所有航天员报警的方法。

阐释：带电粒子监测的数据是空间辐射输运计算和航天员空间辐射剂量估算的基本环境信息。如果精确测量出太阳粒子事件发生时航天器的能量谱，那么航天员所受剂量就可以详细的估算。这样在确定乘组在太阳粒子事件期间所受剂量时，就可以减少单次吸收剂量测量的不确定度。当辐射超过阈值时，乘组随时都应接受警报。如果和地面的联系中断或无法联系，那么当辐射环境超出危险阈值时航天员就需要有在轨的警报，以便采取相应的防护措施。在飞行的不同阶段，根据遭遇的空间辐射环境不同，用户可设定不同的阈值。其目的是使航天器的数据管理系统提供报警的功能。

6.8.1.7　电离辐射剂量监测［**V2 6101**］

为了描述和管理辐射暴露，计划**应**提供相应的方法，用于监测个人剂量和暴露剂量当量，监测粒子通量与方向、能量、带电量的关系，并监测环境剂量及环境当量剂量。

　　阐释：这些测量是控制乘组任务期间暴露水平的基本方法，通过这些测量保证航天员不超过 NASA - STD - 3001 第 1 卷中所规定的短期和职业航天 PELs 剂量限值。为了该目的，舱内大量使用了组织等效微剂量仪来监测航天员空间辐射剂量。在已发表的文献中有大量利用组织等效微剂量仪的数据和计算，可以直接利用这些数据和计算确定乘组的暴露和风险。被动的环境探测器可以提供不同位置的暴露剂量率随时间积分的分布情况。由于舱内存储物品堆放的不同，暴露率会不同。掌握舱内剂量率随空间的分布情况可以确认剂量率相对高的区域，也就是避免区域，并且当一些数据丢失或者个人剂量仪数据不可用时，我们可以对乘组暴露数据进行重建。这些数据用来对整个飞行期间的乘组暴露进行追踪，并且可以对吸收剂量测量设备是否正常运行及状态提供真实的指示。被动探测器可以在其他设备无法供电时收集数据。辐射数据对于飞行期间航天员危险进行量化是至关重要的，而且在飞行期间遭遇太阳质子事件时，飞控管理人员可以通知航天员采取合适的对抗措施。当航天员与任务操作中心没有通信联系时，航天员可以确认航天器内的辐射情况并按要求采取恰当的应对措施。在短到 1～5 分钟的时间内，辐射环境的变化都可以使航天员遭受额外的暴露。

6.8.2　非电离辐射

　　在航天飞行应用设备上存在一些非电离辐射源，人体暴露在其中对健康有潜在危害。航天员的非电离辐射职业暴露限值通过任务的体系结构、系统设计、程序计划以及采用适当的对抗措施来管理。本标准将非电离辐射划分为三个类别：无线电（RF）辐射，激光和非相干电磁辐射。

6.8.2.1　无线电非电离辐射暴露限值 [V2 6102]

　　系统应保护乘组，使其 RF 暴露在规定限值内，表 8 RF 电磁场的最大允许暴露限值（MPE）（根据 IEEE C95.1 的 2 级下层修订）给出了该限值，图 9 RF 电磁场暴露限值也以图的形式显示了该限值。

表 8　RF 电磁场最大允许暴露（MPE）（根据 IEEE C95.1 的 2 级下层修订）

频率范围/MHz	RMS 电场强度 $(E)^a$/(V/m)	RMS 磁场强度 $(H)^a$/(A/m)	RMS 功率密度 (S) 电场、磁场/(W/m²)	平均时ᵇ $\lvert E\rvert^2,\ \lvert H\rvert^2/0.3$	或者 S(min)
0.1～1.34	614	$16.3/f_M$	$(1\,000, 100\,000/f_M^2)^c$	6	6
1.34～3	$823.8/f_M$	$16.3/f_M$	$(1\,800/f_M^2,\ 100\,000/f_M^3)$	$f_M^2/0.3$	6
3～30	$823.8/f_M$	$16.3/f_M$	$(1\,800/f_M^2,\ 100\,000/f_M^3)$	30	6
30～100	27.5	$158.3/f_M^{1.668}$	$(29\,400\,000/f_M^{3.336})$	30	$0.063\,6\ f_M^{1.337}$
100～300	27.5	0.072 9	2	30	30
300～5 000	—	—	$f/150$	$f/150$	30
5 000～15 000	—	—	$f/150$	$f/150$	$150/f_G$
15 000～30 000	—	—	100	100	$150/f_G$
30 000～100 000	—	—	100	100	$25.24/f_G^{0.476}$
1 000 000～3 000 000	—	—	100	$5\,048\cdot\left[(9f_G-700)\,f_G^{0.476}\right]$	

注：ᵃ对于 f_M 以 MHz 为频率单位，f_G 以 GHz 为频率单位。

ᵇ左列是 $\lvert E\rvert^2$ 的时间平均；右列是 $\lvert H\rvert^2$ 的时间平均；对于频率高于 400 MHz 的辐射，是功率密度 (S) 的时间平均，这些平面波值通常方便地用于同 MPEs 进行比较，并在在用设备上显示。

ᶜ在更高频率上，这些平面波说的均匀暴露。例如某些远场平面波暴露，暴露的场强度和能量密度与表中的 MPEs 相当，对于不均匀的暴露，暴露场通过场强平方在空间上的平均，或者等效于垂直人体横截面（投影面积）或更小面积上的能量密度平均值计算。这取决于频率。更详细的数据，参见 IEEE C95.1 中表 8 和表 9 的注解。

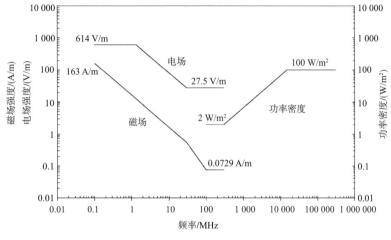

图 9　RF 电磁场暴露限值

阐释：这些限值是对 IEEE C95.1《关于人暴露于 RF 电磁场安全水平的 IEEE 标准，3 kHz ～ 300 GHz 描述》修定而来，目的是去除对于一般人群（包括孩子）能量密度限值中过多的安全因素。设计要求应考虑覆盖任务期间的 RF 辐射暴露。这些限值的目的是为了确定所有工人反复暴露都几乎不会受伤的 RF 和微波辐射暴露条件。

6.8.2.2　激光暴露限值［**V2 6103**］

系统应保护乘组不受激光暴露的损伤，限制皮肤和眼睛对连续波和重复脉冲激光的暴露，暴露限值应符合美国国家标准 ANSI Z136.1《激光的安全使用》和基于化学物质和物理因素及生物暴露指标文件的 ACGIH 标准《域限值（TLVs®）和生物暴露指标（BEIs®）》的规定。

阐释：设计要求应覆盖连续波和重复脉冲激光暴露，使皮肤和眼睛免受损伤。这些限值来自美国激光研究所的出版物 ANSI Z136.1。这个要求适用于航天器舱内和舱外的激光使用。

6.8.2.3　非相干电磁辐射的暴露限值［**V2 6104**］

对于乘组受到的从紫外线（180 nm）到远红外线（3 000 nm）

电磁辐射谱，其限值的制定**应**采用 ACGIH 给出的方法。除了紫外线辐射限值的计算外，NASA 对该方法的使用进行了修订，将限值放宽了 5 倍。

阐释：放宽 5 倍消除了 ACGIH 对一般人群设定的过分的安全限度。这种方法使得四种潜在的损伤路径中辐射源强度和可接受暴露时间之间的关系得以量化，这四种损伤路径是：可见光引起的视网膜热损伤、蓝光的长期暴露引起的视网膜光化学损伤、红外线暴露引起的晶状体和角膜热损伤、未防护的皮肤和眼睛紫外线辐射引起的损伤。这些限值不适用于激光辐射（见本标准 6.8.2.2 节）。ACGIH 所使用的数值经 NASA 修订后使用，除了紫外线的计算未经修订外，NASA 对每项计算的源项中插入因子 0.2。这消除了 ACGIH 在制定限值时对一般人群设定的过分的安全限度。

7　适居性功能

本章描述了系统满足人居住需具备的特性。每项特征的具体需求和设计因任务不同而不同。

7.1　食品和营养

7.1.1　食品质量和数量

7.1.1.1　食品质量［**V2 7001**］

食品系统**应**保证维持整个任务期的食品安全和营养的能力。

阐释：一个乘员愿意并且能够食用的、有营养的、可行的、稳定的食品系统，对于维持乘组健康十分关键。食品系统的可行性不仅要求食品能被食用，而且要求有适当的营养组合以保障乘组长期健康。就航天任务运营而言，食物都应保持安全、营养以及可接受，不管是在短期飞行还是在长期飞行中。

7.1.1.2　食品可接受性［**V2 7002**］

系统**应**提供任务期间乘员可接受的食品。

阐释：一个乘组愿意并且能够食用的、有营养的、可行的、稳定的食品系统，对于维持乘组健康十分关键。乘员食用食品的意愿受到这些食品种类和口味影响。重复食用会使食品丧失吸引力，因此多样化的食品提供了一种解决方案。食品的外形、纹理和口味对增加食品的变化也很重要，但不能影响食品的营养含量。

航天飞行的动力学环境对食品可接受性提出了许多挑战。对于NASA 的食品来说，任务期间其整体可接受性测量打分为 6 或以上时（采用 9 分的好感打分标准），其就被认为是可接受的。在食品科学与工业界中，好感程度是一种定量的方法，用于测试食品的可接受性。更多关于决定食品可接受性方法的信息资料可查询Meilgaard，et al，1999。食品新鲜度会随时间变化，并影响其可接受性。因此，开始时就提供新鲜的食物，并且提供保持新鲜度的包装和储存方法十分必要。替代方法包括：种植食物或者提供基本的配料，在食品组合和准备时提供灵活性。

7.1.1.3 食品卡路里含量 [**V2 7003**]

食品系统**应**每天为每位乘员提供的最低卡路里数量根据表 9 的估计能量需求（EER）公式计算，由 EER 再乘以活动系数 1.25 得出。

阐释：一个乘组愿意并且能够食用的、可行的稳定食品系统，对于维持乘组健康十分关键。提供的食品在质量、数量和营养含量上应能满足各种活动的能量需求，同时也考虑乘员的个体需要和愿望。营养要求指南可参考《探险任务的营养要求、标准以及工作频段》。

表 9 EER 计算

正常代谢摄取

EER 19 岁以上男性

EER (kcal/day) = 622 − 9.53×年龄 [y] + 1.25×(15.9 ×体重 [kg] + 539.6×身高 [m])

EER 19 岁以上女性

EER = 354 − 6.91×年龄[y] + 1.25×(9.36×体重 [kg] + 726×身高[m])

7.1.1.4 出舱活动食品卡路里含量 [**V2 7004**]

对于实施出舱活动的乘员，食品系统**应**在本标准 7.1.1.3 节中正常代谢摄入量的基础上，额外提供每小时 837 kJ（200 kcal）的能量。

阐释：出舱活动期间，额外的能量和营养补充是必要的，因为出舱乘员的能量消耗会增加。每小时增加的 837 kJ（200 kcal）的能量，（与其他食物的营养成分类似），可以保证出舱航天员在任务期间维持体重。这是对从中度负荷到重度负荷的出舱任务代谢能量补充的要求。

7.1.1.5　食品常量营养素［**V2 7005**］

乘员膳食中包含的常量营养素的量应符合表 10 中的标准。

阐释：常量营养元素是指提供卡路里能量的营养元素，包括碳水化合物、蛋白质和脂肪。这些常量营养元素是维持乘组健康所必须的。

表 10　航天飞行常量营养元素指南

营养成分	每日营养摄入 *
蛋白质	0.8 g/kg
	每日能量摄入的 35%
	2/3 是动物性蛋白质，1/3 是植物性蛋白质
碳水化合物	每日能量摄入的 50%～55%
脂肪	每日能量摄入的 25%～35%
Ω-6 脂肪酸	14 g
Ω-3 脂肪酸	1.1～1.6g
饱和脂肪	小于每日能量摄入的 7%
顺式脂肪酸	小于每日能量摄入的 1%
胆固醇	<300 mg/day
纤维	10～14 g/4 187 kJ

注：* 这些数据均使用国际单位制。

7.1.1.6　食品微量营养素［**V2 7006**］

乘员膳食中包含的微量营养元素的量应符合表 11 中的标准。

阐释：微量营养素指人体所需的微小数量的营养素，包括维生素和矿物质。这些微量营养素是维持乘组健康所必须的。

表 11　航天飞行微量营养素标准

维生素和矿物质	日摄入量 *
维生素 A	700～900 μg
维生素 D	25 μg
维生素 K	女性：90 μg
	男性：120 μg

续表

维生素和矿物质	日摄入量*
维生素 E	15 mg
维生素 C	90 mg
维生素 B12	2.4 μg
维生素 B6	1.7 mg
维生素 B1	女性：1.1 μmol
	男性：1.2 μmol
核黄素	1.3 mg
叶酸	400 μg
尼克酸	16 mg
生物素	30 μg
泛酸	30 mg
钙	1200～2000 mg
磷	700 mg
	$\leqslant$1.5 ×钙摄入量
镁	女性：320 mg
	男性：420 mg
	补品中$\leqslant$350 mg
钠	1 500～2 300 mg
钾	4.7 g
铁	8～10 mg
铜	0.5～9 mg
锰	女性：1.8 mg
	男性：2.3 mg
氟	女性：3 mg
	男性：4 mg
锌	11 mg
硒	55～400 μg
碘	150 μg

续表

维生素和矿物质	日摄入量*
铬	35 μg

注：摘编自约翰逊航天中心 NASA 营养生物化学小组的《探险任务的营养要求、标准以及工作频段》。

＊这些数据均使用国际单位制。

7.1.1.7　食品微生物水平 [V2 7007]

食品中微生物水平应不超过表 12（JSC 16888《航天飞行微生物学操作计划》中给出的标准。

阐释：控制微生物生长对维持乘组健康与安全是必要的。

表 12　食品微生物水平

区域、物品	微生物耐受性	
食品区	用品采集ᵃ	限值ᵇ
表面	每天 3 个表面样本	3 CFU/cm²
包装膜	同前	（总耗氧微生物数量）
食品加工设备	每天 2 片	
空气	每个样品 320 L	113 CFU/320 L（总耗氧微生物数量）
食品产品	因素	限值
非热稳定食品ᶜ	耗氧菌总数	20 000 CFU/g
	大肠杆菌	100 CFU/g
	凝固酶阳性葡萄球菌	100 CFU/g
	沙门氏菌	0 CFU/g
	酵母菌	1000 CFU/g
市售无菌产品	无样本提供	检查包装完整性 100%

注：ᵃ只在食品设备运行的当天采集样品；

　　ᵇ这些数值均使用国际公制单位；

　　ᶜ被看成是"成品"、不需要重新包装的食品样本仅测量耗氧菌总数。

7.1.2　食品准备、进食和清除

7.1.2.1　食品准备 [**V2 7008**]

系统**应**提供食品准备、进食及储存的能力。

阐释：乘员愿意并能够食用的、可行的、稳定的食品系统，对维持乘组健康十分关键。食品准备会涉及必要时的加热以及任何所需设备的使用。进食依赖于器具或设备，例如餐叉或调羹以及开启包装或复水的方法。需要有能存放食品以及准备和进食使用的所有设备。

7.1.2.2　食品准备及清除 [**V2 7009**]

食品系统**应**允许所有乘员按照分派的餐谱安排取出补给，准备进餐以及清扫。

阐释：食品准备和清洁活动计划考虑了过去航天飞行学习到的经验、水分配和食品加热系统、储存配置以及乘员一起进餐的愿望。这样有助于保证任务目标和时间程序不会受到负面影响。

7.1.2.3　食品污染控制 [**V2 7010**]

食品储存、准备以及进餐区域的设计和位置**应**能防止食品与环境之间的交叉污染。

阐释：污染有多种来源，包括靠近交叉污染源和微生物的生长。食品应经过适当的处理和储存以控制或消除微生物的影响。此外，要防止人体排泄物处理、个人清洁卫生、锻炼与食品准备和进餐之间的干扰，这对乘组身心健康十分重要。飞行经验表明这在阿波罗计划和国际空间站任务中都曾经成为问题。

7.1.2.4　食品及饮料加热 [**V2 7011**]

系统**应**能在需要的时候提供食品和饮料加热的能力，以提高其可接受性。

阐释：加热对食品品质的主观评价是必要的。对食品和液体加热，可提高它们的口感，这对乘员心理健康，并确保乘组吃掉提供的食品十分重要。保持复水食物的温度可以抑制微生物的生长。航天器应提供脱水食品和非复水食品的加热能力。

7.1.2.5　进食空间［**V2 7012**］

乘组应具备一起进餐的能力。

阐释：已经证明，一起进餐有助于提高乘组的心理健康和保持良好状态。食品系统的空间应考虑同时容纳所有成员，还能够放置束缚食品和器具的设备，以及所有所需的餐具。

7.1.2.6　食品系统废物［**V2 7013**］

系统应提供随时可用的垃圾收集和食品废弃物控制功能。

阐释：在所有类型垃圾的总体规划中，应考虑到食品垃圾。对所有的食品垃圾进行管理，控制气味散发和微生物生长十分重要。靠近食品准备与进食地点的废物处理系统，可以方便地被使用，并能提高效率。

7.1.2.7　食品洒落控制［**V2 7014**］

系统应提供食品颗粒和洒落物的控制和清除能力。

阐释：在航天器任何区域清除食品颗粒和洒落物的能力，有助于减少飞行器舱内的污染。如果不将洒落物收集起来，食品系统就可能发生污染，并且食品残渣也会危及乘组的安全和健康。

7.1.2.8　食品系统的清洁与消毒

系统应提供食品设施、设备及就餐区的清洁消毒方法。

阐释：对食品系统区域的清洁消毒可以减少食品系统的微生物污染。食品系统的残渣造成的污染会危害乘员的安全和健康。

7.2　个人卫生

7.2.1　能力

7.2.1.1　个人卫生能力［**V2 7016**］

系统应提供口腔卫生、仪容仪表以及身体的清洁能力。

阐释：系统应通过提供充足和舒适的洗浴用品和身体废弃物处理装置，来满足口腔卫生和仪容仪表修饰需要，因为这可以提高自我形象、提升士气、提高乘员工作能力。

7.2.1.2 身体清洁隐私［**V2 7017**］

系统**应**提供身体清洁时的隐私保护。

阐释：某些卫生清洁具有一定的隐私性，特别是在航天器内其他乘员同时进行其他活动时。隐私可以为乘组带来心理上的好处，应当对全身或局部清洁以及穿脱衣服提供隐私保护。

7.2.1.3 个人卫生用品［**V2 7018**］

个人卫生项目**应**给每个乘组乘员提供个人卫生用品。

阐释：在每次航天任务期间，每个乘员都应有个人的卫生用品，例如牙刷、牙膏、身体除臭剂、口腔卫生用品以及个人修饰用品等。个人卫生装备和用品根据微重力环境中男性与女性的生理差异可进行一些调整。

7.2.1.4 卫生可维护性［**V2 7019**］

系统**应**提供能与环境兼容的个人卫生设备与设施的消毒方法。

阐释：为保持卫生，个人卫生装备应易于清洁、消毒和维护。清洁与消毒有助于控制气味和微生物生长。作为卫生设备整体维护的一部分，乘员应有随手可用的垃圾收集装置，用于收集使用过的卫生用品，以减少乘员对这些用过物品的接触。

7.3 身体废弃物管理

7.3.1 身体废弃物管理设备

7.3.1.1 身体废弃物管理能力［**V2 7020**］

系统**应**提供人体排泄物的收集、包装和处置能力。

阐释：人体排泄物管理系统应能提供人体排泄物（尿、粪便、呕吐物、月经）清洁与高效可靠的收集与管理功能，及相关设施设备。

7.3.1.2 人体排泄物管理系统位置［**V2 7021**］

出于感观和卫生目的，人体排泄物管理系统**应**与食品准备和进餐区域隔离开。

阐释：污染有多种来源，包括接近交叉污染源和微生物生长等。

防止人体排泄物管理功能与食品准备、进餐相互干扰对乘员身心健康是很重要的。航天飞行经验表明，在阿波罗计划和国际空间站中这都曾经成为问题。

7.3.1.3　人体排泄物管理的隐私［**V2 7022**］

系统应保护使用人体排泄物管理系统时的隐私。

阐释：某些卫生功能具有一定的隐私性，特别是在航天器内其他乘员同时进行其他活动时。保护隐私对乘员心理有好处，需要在使用排泄物管理系统时提供隐私保护。

7.3.1.4　人体排泄物管理用品［**V2 7023**］

人体排泄物管理用品**应**是乘员使用废弃物处理系统时易接近和抓取的。

阐释：个人清洁和人体排泄物处理用品，例如纸巾和毛巾，可能需要快速抓取。

7.3.1.5　人体排泄物调节［**V2 7024**］

人体排泄物管理系统**应**允许乘员同时大小便。

阐释：意外排放一种或两种排泄物成分到舱内是不愿被看到的。对于人体来说，不放松尿道括约肌而放松肛门括约肌可能很困难，反之亦然。

7.3.1.6　人体排泄物封装［**V2 7025**］

系统**应**防止人体排泄物从排泄物管理系统中外泄。

阐释：人体排泄物泄露到密封舱中将污染人体，引起或扩散疾病，同时有污染表面、材料以及消耗品的风险。

7.3.1.7　人体排泄物气味［**V2 7026**］

系统**应**提供废物管理系统的气味控制功能。

阐释：不受控制的人体排泄物气味对乘员的工作效率会有负面影响，并能加重已经存在的空间运动病症状。

7.3.1.8　人体排泄物垃圾容器可用性［**V2 7027**］

人体排泄物管理的垃圾收集对于使用垃圾管理系统的乘员来说，**应**是可用的并且在其可达范围内。

阐释：不能与人体排泄物一起收集和封装的废物管理用品，在使用后应立即处理掉。废物管理垃圾收集物品应在乘组可达的范围内，这样乘组就不必离开废物管理的束缚系统或者进入密闭舱室。

7.3.1.9 私密身体检查空间 ［**V2 7028**］

人体排泄物管理系统**应**提供相应手段以及充足空间用于乘员大小便后进行私密的身体自检和清洁。

阐释：微重力环境中，人体排泄物会漂浮，因此，进行废物管理后乘员有必要确认其是干净的。

7.3.1.10 人体排泄物管理系统的维护 ［**V2 7029**］

所有人体排泄物管理设施和设备**应**能够被清洗、消毒和维护。

阐释：为保持卫生，人体排泄物管理设备应易于清洁、消毒和维护。清洗与消毒有助于控制气味以及微生物的生长。作为卫生设备总体维护的一部分，乘员应有随时可用的个人卫生用品的垃圾收集工具，以减少人体暴露于使用过的物品的时间。

7.3.2 人体排泄物总量

7.3.2.1 每日排便量 ［**V2 7030**］

人体排泄物管理系统**应**能够收集和存放每名乘员平均每天两次、每次 150 g（0.3 lb）（质量）和 150 mL（5 oz）（体积）的排便量。

阐释：微重力环境下粪便收集要尽可能减少粪便物质溢出进入居住环境中的可能性，因为其中可能有高浓度的致病微生物。此外，溢出对乘员有潜在的损伤风险，并对硬件设备可能造成危害。收集能力考虑了健康成年人每天的平均排便量。个体每天排便次数从每周两次到每天五次变化，假定平均每天两次。

7.3.2.2 每次排便量 ［**V2 7031**］

人体排泄物管理系统**应**能够收集和存放乘员单次排便 500 g（1.1 lb）（质量）和 500 mL（16.9 oz）（体积）的粪便量。

阐释：微重力环境下粪便收集要尽可能减少粪便物质溢出进入居住环境中，因为其中可能有高浓度的致病微生物。这对乘员有潜在的损伤风险，并对硬件设备可能造成危害。收集能力考虑了普通健康成年人单次最大的排便量。

7.3.2.3　每天腹泻量［**V2 7032**］

人体排泄物管理系统应能收集和存放最多两天，每天每人八次腹泻，每次平均500 mL（16.9 oz）体积排便的能力。

阐释：由胃肠道疾病（腹泻）引起的排便，其频率会增加，其增加也是变化的和难以预测的。总的收集体积要适应轮状病毒和产毒大肠杆菌等引起的腹泻。

7.3.2.4　每次腹泻量［**V2 7033**］

人体排泄物管理系统应能够一次收集和存放 1.5 L（0.4 gal）的腹泻量。

阐释：微重力环境下粪便收集要尽可能减少粪便物质溢出进入居住环境中，因为其中可能有高浓度的致病微生物。这对乘员有潜在的损伤风险，并对硬件设备可能造成危害。胃肠道疾病（腹泻）引起的排便频率会增加，其增加也是变化的和难以预测的。一次排便的收集体积要适应轮状病毒和产毒大肠杆菌等引起的腹泻。1.5 L（0.4 gal）体积是基于医学文献中对成年人病原性腹泻的评估，以最严重的的情况为依据。1.5 L（0.4 gal）是最大量，平均水平是 0.5 L（0.13 gal）。

7.3.2.5　尿收集能力［**V2 7034**］

人体排泄物管理系统应能够具备收集每天每个乘员六次，每次 1L（33.8 oz）尿液的能力。

阐释：个别情况下，单次排尿会多达 1 L（33.8 oz），所以装置应能装下这个最大量。人体将尿排入系统的速度会随性别不同而不同（女性更快，因为尿道阻力更小），平均是10～35 mL/s（0.34～1.2 oz/s）。腹部用力的情况下女性最大流速可高达 50 mL/s（1.9 oz/s），持续几秒时间。

7.3.2.6　每人排尿量［**V2 7035**］

人体排泄物管理系统应能收集、存放的最大总尿量体积为 $V_u = 3 + 2t$（L）（每名乘员），其中 t 指飞行任务的天数。

阐释：发射后第一天，也就是飞行第 0 天，每位乘员的产尿量是 3 L（0.8 gal）。在任务不同阶段因重力变化和液体摄入水平的不同，排尿量可能有轻微的增加或降低。尿液收集装置要能够连续收集所有乘员的排尿，一次平均排尿量范围是 100～500 mL（3.4～16.9 oz）。极少情况下，单次排尿量可能多达 1 L（33.8 oz），所以装置应能装下这个最大量。人体向系统排尿的速度随性别不同而不同（女性更快，因为尿道阻力小），平均值为 10～35 mL/s。在腹部用力的情况下，女性最大流速可能高达 50 mL/s，持续几秒时间。排出的尿液应密封好以防止不注意泄露到舱内，对乘员皮肤、黏膜或舱内设备造成损伤。

7.3.2.7　排尿速度［**V2 7036**］

人体排泄物管理系统**应**能收集流速最大为 50 mL/s 的排尿。

阐释：在任务不同阶段因重力变化和液体摄入水平的不同，排尿会有轻微的增加或减少。尿液收集装置要能够连续收集所有乘员的排尿，一次平均尿量范围是 100～500 mL（3.4～16.9 oz）。极少情况下，单次排尿可能多达 1 L（33.8 oz），所以装置应能装下这个最大量。人体向系统排入尿液的速度随性别不同而不同（女性更快，因为尿道阻力小），平均值为是 10～35 mL/s（0.34～1.2 oz/s）。在腹部用力的情况下，女性最大速率可能高达 50 mL/s，持续几秒时间。排出的尿液要密封起来以防止不注意泄露到舱内，对乘员皮肤、黏膜或舱内设备造成损伤。

7.3.2.8　每次收集和存放的呕吐物量［**V2 7037**］

人体排泄物管理系统**应**能收集和存放多达 8 次，平均每次 500 mL（16.9 oz）的呕吐物。

阐释：呕吐物及其气味（主要由腐败混合物产生），可能诱发同处于一个密封舱内邻近乘员的恶心和呕吐反应。在进入失重环境的最初 48～72 h 内，首次飞行航天员的空间适应综合症（SAS）发病率可达 70%（其中 30% 会出现呕吐），此外，可能的水面着陆会使乘员晕船。平均呕吐次数大约每人每天 1～6 次，持续 2～3 天。整个胃部回流造成每次呕吐量平均 0.2～0.5 L（6.8 ～ 16.9 oz）。应有足够的存储和处理能力，以应对最糟糕情况下所涉及的乘组人数、症状的严重程度和持续时间，以及胃肠道回流物的容量。

7.4　生理对抗措施

7.4.1　生理对抗措施能力 [V2 7038]

系统**应**提供对抗措施，以满足 NASA - STD - 3001 第 1 卷所定义的乘组骨骼、肌肉、感觉-运动以及心血管标准。

阐释：锻炼可用来维持乘组心血管健康（帮助负重移动并降低疲劳），维持肌肉质量和力量/耐力，用于紧张工作和受限姿势后的恢复，以及肌肉轻度损伤的康复。根据 2006 年 6 月阿波罗峰会阿波罗乘组参加的结果（NASA/TM - 2007 - 214755，《阿波罗医学实施项目：未来探索任务和月面活动中提高乘组健康和工效的建议》），以及 2005 年肌肉骨骼峰会的建议（见附录 A，参考文件，完整引用），应在飞行中尽可能早地开始锻炼，并在整个任务各个阶段持续进行。

7.4.2　容纳空间 [V2 7039]

在生理对抗措施活动中，**应**提供足够大的空间，以容纳一个人预期的身体运动以及所有必要设备。

阐释：操作空间是乘员使用锻炼设备时所需的最大体积（不是安放设备的体积）。这一空间对允许乘员实施合适的对抗防护措施以维持健康和适应性是很必要的。

7.4.3　生理对抗措施操作 [V2 7040]

生理对抗系统设计**应**允许乘员按照程序取出用品进行操作，并将物品按照制订的对抗措施计划进行放置。

阐释：方便及高效的对抗防护系统有助于乘员实施对抗防护措施。乘员需要这些措施来维持健康和良好状态。每天都应当进行对抗防护活动。

7.4.4　环境控制 [**V2 7041**]

系统的环境控制应能适应锻炼区域乘员增加的耗氧量，以及热、CO_2、汗滴、气味及人体碎屑的增加。

阐释：锻炼区域氧分压要维持在正常水平，否则，乘员所需的体能会减弱。这一要求也适用于锻炼所产生的各种颗粒，例如皮肤、头发、衣服或其他布料。

7.4.5　立位耐力下降对抗措施 [**V2 7042**]

系统应提供对抗防护措施以减轻从微重力环境到重力环境中时立位耐力下降的影响。

阐释：立位保护可以减少操作冲击的影响。操作冲击影响包括意识丧失、不能操作控制器、无法独立出舱，从而影响再入和着陆的成功以及乘员安全。成功用于阻止立位耐力下降的方法包括水液体/盐补充维持水平衡、腿套带阻止血液淤积，主动降温使乘组感到舒适，躺卧提高 1 g 脑血容流量等。此外，药物防护的研究也有很好前景。

7.5　医疗

7.5.1　医疗能力 [**V2 7043**]

医疗系统应按照 NASA - STD - 3001 第 1 卷表 13 的医疗护理能力标准提供给乘组。

阐释：NASA - STD - 3001 第 1 卷定义了医疗护理级别的定义，以降低因乘组医学问题而影响探索任务的风险，同时将长期飞行航天员的健康风险控制在可接受的限度内。

针对具体的飞行目的地和持续时间以及相关航天器约束条件，医疗级别和相关辅助器具决定了支持乘组所需的恰当的医疗护理、乘组保护以及维护的能力。随着飞行时间和任务复杂度的提高，预防和管理医疗应急事件的能力也需要相应提升。非常短的飞行，即使超出近地轨道（LEO），也认为是Ⅰ级医疗护理能力要求。提供指定医疗护理级别的能力适用于飞行的所有阶段，包括着加压航天服进行操作期间。

表 13　医疗护理能力

医疗护理级别	任务	能力
I	LEO ＜8 天	空间运动病、基本生命保障、急救、过敏反应、隐私保护
II	LEO ＜30 天	级别 I 增加医学诊断、治疗、视频和远程医学
III	超出 LEO＜30 天	级别 II 增加有限的高级生命支持、创伤治疗、口腔治疗
IV	登月＞30 天	级别 III 增加影像学检查、先进生命支持、有限手术、口腔治疗
V	火星探索	级别 IV 自主生命支持和医疗系统,基本外科手术

7.5.2　医疗空间 ［**V2 7044**］

医疗系统**应**提供患者治疗所需的空间和操作面，并能为医疗护理提供者及设备使用。

阐释：专用医疗区域或者能够支持医疗活动区域的大小取决于乘员人数、飞行时间、乘组活动以及多名乘员同时受伤或生病需要同时处置的可能性。

7.5.3　医疗设备的可用性 ［**V2 7045**］

当医生乘员不在场或者医生乘员就是需要治疗的人时，医疗设备**应**能被非医生乘员使用。

阐释：医学装备应简便、易于使用，只需最少的训练，这样非专业医生的乘员也能够对生病或受伤的人员实施医疗护理。

7.5.4　医疗束缚 ［**V2 7046**］

在治疗期间，**应**具备将患者固定、并将医疗护理提供者及设备定位在适宜位置的能力。

阐释：患者束缚装置应能防止手臂、腿的移动，固定头、颈、脊柱，并与飞行器联接在一起。救治者的束缚装置应能使其保持靠近患者的位置进行治疗，但应便于解开或者允许移动以使用附近的设备。设备的束缚装置应能安全地固定住大件物品，例如医疗箱以及单独的物品。

7.5.5 生物学废物的密封及处理 [**V2 7047**]

有害生物物品，例如血液和其他体液，**应**密封并安全处理以减少对其他乘员的污染。

阐释：如果没有适宜地密封，这些物质将会损害装备、损伤乘员、传播疾病。生物废物，包括服装内大小便收集装置、呕吐物、女性卫生废物，也能引起伤害并传播疾病。

7.5.6 医疗设备处置 [**V2 7048**]

尖锐物品，例如注射器针头，**应**安全处置以防止造成对其他乘员的意外伤害。

阐释：在总体垃圾处理计划中必须考虑到医疗设备的处置。医学设备根据其不同类别，例如尖锐物品，必须有专门的处理方法以确保其不会伤害乘组、损坏设备或传播疾病。

7.5.7 死亡乘员 [**V2 7049**]

每项载人飞行计划都**应**提供死亡乘员的处置能力。

阐释：尽管有筛查、健康保障措施以及安全预防，然而还是有可能在任务中出现乘员死亡，尤其是在延长的飞行任务中。威胁剩余乘员健康与安全的问题包括失去团队成员、悲痛、任务延期和污染等。在系统研发时，应建立社会学、生物学和身体上可接受的、针对死亡乘员的处理设施和计划。

7.6 存储

7.6.1 供给

7.6.1.1 供给存储 [**V2 7050**]

系统**应**为硬件设备和补给提供存放装置，包括为这些物品提供位置、束缚和保护。

阐释：某些存储的物品要从存放处取出，使用，而后归还到提供点/位置。其他物品则临时从存放点取出，重新放置到另一个使用位置，很久以后再存放起来。

7.6.1.2　个人物品存储［**V2 7051**］

系统应为个人物品和服装提供存放位置。

阐释：为个人用品和服装提供存放位置是乘员的生活保障。当与库存管理、标识和操作术语一起考虑时，就能高效地存放和取用这些个人用品。

7.6.1.3　存储位置［**V2 7052**］

所有可再定位的物品，例如食品、EVA 服装以及备件，**应**有专门的存放位置。

阐释：为保持乘员的高水平工作效率，将物品放置在其使用或消耗时易于取用的位置非常重要。尽管完全做到这一点非常困难，但应尽可能为装载飞行的物品提供存放保障。非常重要的一点是保持转移通道的畅通，并为乘员安全高效地执行任务保留必要的空间。堆放物品不能影响任何应急设备的可达性。

7.6.1.4　堆放接口［**V2 7053**］

系统**应**提供明确的、不影响乘组操作的存储位置。

阐释：有明确的存放位置可以保障高效的操作，并有助于避免堆放系统干涉操作，例如物品转移和飞行器控制。在设计堆放系统时应注意，确保出现应急情况时转移路径通畅。为保证乘员操作的高效，将物品放置在其消耗点易于取用的范围非常重要。

7.6.1.5　堆放束缚［**V2 7054**］

系统**应**为可再定位物品在微重力环境、短时加速度和振动期间提供束缚能力。

阐释：存放的物品应被束缚以便在飞行器运动期间、内部空气运动影响下、或者在无心的接触后，不会自由移动。这些束缚有利于乘员的安全，避免物品四处移动，并保证在操作和乘员执行任务期间需要时，处于原来存放的位置。

7.6.2　可达性

7.6.2.1　堆放可达性的优先权 ［**V2 7055**］

存放物品的可达性**应**符合物品的使用，对于任务关键的物品和最频繁使用的物品应具有最好的可达性。

阐释：为提高存放物品的取出效率，在相同操作程序中使用的物品最好存放在一起。为促进存储计划的理解，相似物品最好存放在一块。

7.6.2.2　徒手堆放操作 ［**V2 7056**］

存放容器和束缚措施**应**不需要使用工具便可以操作。

阐释：为最大程度利用乘员时间，存放系统应允许乘员不借助工具实现存取和重新配置。

7.6.2.3　着服时的存放可达 ［**V2 7057**］

乘员穿着航天服时需要使用的装载物品，着服航天员**应**能容易接近。

阐释：存放的物品应具有允许着航天服的乘员接触、打开、关闭或操纵该物品的特征。这既适用于正常操作同样也适用于应急操作。

7.6.3　识别系统 ［**V2 7058**］

存放识别系统**应**与库存管理系统兼容。

阐释：航天飞机和 ISS 的经验表明，存放管理和识别——每种补给的数量、位置和类型等信息——对于任务规划和乘员生产力维持非常关键。数量和位置不是存放识别的唯一方面。在开发一个综合系统时，存放、标识、库存追踪和操作名称也应被考虑。

7.7　库存管理系统

7.7.1　库存追踪 ［**V2 7059**］

系统**应**提供库存管理系统，用于跟踪整个任务期间物品（包括有害垃圾）的位置和数量。

　　阐释：航天飞机和 ISS 的经验表明库存管理——每种补给的数量、位置和类型等信息——对于任务规划和乘员生产力维持非常关键。数量和位置不是库存管理的唯一方面。在开发一个综合系统时，存放、标识、库存追踪和操作名称也应被考虑。

7.7.2　库存操作 [V2 7060]

　　系统设计应允许在分配的时间内完成库存管理。

　　阐释：库存管理系统应是高效的，使乘员执行所需时间最小化。系统具有灵活性，允许存放位置或数量在任务期间的任意时间内进行调整。过去的载人飞行的经验表明，之前的库存作业耗费的时间超出了预定的分配时间。这会影响其他的预定任务。

7.7.3　名称一致性 [V2 7061]

　　库存管理系统追踪的相关物品的名称应与飞行程序和标识一致。

　　阐释：航天飞行实施人员，包括所有地面控制人员和乘组，必须强制使用统一的名称进行沟通，这些名称没有歧义且唯一地定义所有的硬件和软件。名称对所有的操作产品都是相同的，包括指令、程序、显示、计划编制产品、参考信息、系统手册、系统大纲、任务规则、方案以及载荷操作产品。

7.7.4　物品标识唯一性 [V2 7062]

　　需要唯一标志的物品应有一个唯一的名称。

　　阐释：库存物品名称的唯一性有助于物品的定位和清晰标识。这有利于提高效率，减少任务中拿错物品的概率。同时还有利于减少训练量。

7.7.5　可互换物品的命名 [V2 7063]

　　库存管理系统内的同样的可互换的物品应具有同一命名。

　　阐释：库存物品的名称有助于物品的定位和清晰标识。这有利于提高效率，减少任务中物品误选的概率。

7.8　垃圾管理系统

7.8.1　条款
7.8.1.1　垃圾存放空间 ［**V2 7064**］

系统**应**提供垃圾管理系统以容纳（存放、中和与处置）所有预期的湿性和干性垃圾，包括锋利物、有害化学物质、生物和放射性废物。

阐释：如果包装不当，垃圾会损害设备、伤害乘员并传播疾病。不同类型的垃圾需要不同的包装类型和密封。垃圾管理计划应识别任务运行期间将产生的垃圾类别，然后这种识别指导垃圾处置。飞行乘组和地面人员实施垃圾管理。

7.8.1.2　垃圾体积分配 ［**V2 7065**］

垃圾存放空间**应**为每次任务确定并进行分配。

阐释：垃圾管理计划应明确任务运行期间预期产生的垃圾种类和数量。尤其在没有销毁型飞行器可携带垃圾撤离的任务中，会发生垃圾累积。需要有专门的垃圾存放空间和位置，并配有适当的包装和密封措施。

7.8.1.3　垃圾存放界面 ［**V2 7066**］

系统**应**提供明确的、不影响乘员操作的垃圾存放。

阐释：本要求意在防止垃圾系统影响正常操作，例如转移和飞行器控制。设计要求应确保垃圾系统不影响应急情况下的转移。同时，为努力保持乘员的高效操作，将垃圾桶布局在使用点易于接触的范围内非常重要。

7.8.2　垃圾气味控制 ［**V2 7067**］

垃圾管理系统**应**提供垃圾的气味控制。

阐释：不经控制的气味会对乘员效率带来不利影响，并会加剧之前存在的 SAS 症状。

7.8.3　垃圾污染控制 [**V2 7068**]

垃圾管理系统**应**防止垃圾泄露到居住环境中。

阐释：垃圾的许多成分是微生物迅速滋生的营养源。这些微生物可能包括具有医学影响的生物体，其可能会给乘员健康和效率带来负面影响。

7.8.4　有害废弃物标识 [**V2 7069**]

应在最外层包装上标识有害废弃物，以便识别内容物的危害类型和等级（根据 JSC 26895）。

阐释：出于安全处理的目的，废弃物容器标识的准确和完整非常重要。当在单个有害废弃物容器中堆积了多种类型的有害废弃物时，最外层容器的标识应能指出内容物中的最高毒性。

7.9　睡眠

7.9.1　睡眠区 [**V2 7070**]

系统**应**为每名乘员提供空间、睡眠表面区域以及个人卧具，如衣服、被褥、耳塞。

阐释：睡眠区要求主要取决于重力环境和飞行时间。不像地面和低重力环境，在微重力环境中不需考虑方向和身体支撑（垫子）。然而，微重力环境中必须提供束缚来固定毯子以及维持姿势（见本标准8.5节）。飞行时间对睡眠区的影响见本标准7.9.2节。

7.9.2　私人空间 [**V2 7071**]

超过30天的飞行，**应**提供个人私密空间以支持乘组健康和工效。

阐释：本标准附录C对隐私进行了定义。对特定系统的要求应确定私密空间预期开展活动的细节（锻炼、会话、休息等）。具体的空间和布局应满足本标准第8章中的定义要求。

7.9.3　环境控制 [**V2 7072**]

对于个人私密空间，系统**应**提供乘组控制光照、噪声、通风和温度的能力。

阐释：睡眠区和工作区可能重叠，乘组应能根据其功能来调控环境。个人的控制水平根据本标准 7.9.2 节，由任务时间来确定。

7.9.4　低重力环境睡眠 [**V2 7073**]

系统**应**提供低重力和 1 g 环境下水平的睡眠平面区域。

阐释：睡眠区空间应能在任何重力环境下容纳乘组身体尺寸。低重力确定了空间的方向。

7.10　服装

7.10.1　服装数量 [**V2 7074**]

应为乘组提供数量充足的清洁、耐穿服装。

阐释：本要求首先基于对清洁、耐穿可接受的定义。其次，需求还包括服装在被洗涤或抛弃之前可穿着的天数，对可洗涤的服装而言，本要求基于服装的寿命。

7.10.2　专用性 [**V2 7075**]

应为每个独立的乘员提供专用的服装。

阐释：服装使用的专用性要求包括考虑个人服装存储空间、服装的辨认（尤其是服装洗涤之后）、尺寸以及个人喜好。

7.10.3　安全性与舒适性 [**V2 7076**]

服装**应**舒适合体并且与环境相协调，例如服装穿着的温湿度环境。

阐释：服装类型的要求基于预期的乘组活动（锻炼、维修、休息、工作等）和重力环境。例如，在微重力环境下，过于宽松的服装和鞋子是不适合的。服装设计也依赖于乘组体型范围，其定义见身体特征数据表（见本标准 4.1.1 节数据库 [**V2 4001**]）

7.10.4　服装穿脱 [**V2 7077**]

服装设计**应**做到便于乘员穿脱。无论常规状态还是紧急情况，穿脱服装都不需要队友协助。

阐释：无。

7.10.5　服装成分 [V2 7078]

服装材料应无毒且阻燃。

阐释：根据任务要求，毒理学要求包括考虑长期远离地球、大气闭路循环限制的影响。此外，长期任务中还包括处理和分解被丢弃服装的要求。

7.11　站务管理

7.11.1　清洁可达性 [V2 7079]

应提供充足的空间，方便乘员进入需要清洁的区域。

阐释：乘员持适当清洁工具和设备的全尺寸范围应能到达所有需要例行清洁的区域。固定设备在例行清洁中不可被移动。不可达区域应被关闭以避免积累垃圾和尘土。

7.11.2　微粒控制 [V2 7080]

该系统应设计成能获取、检查并清除发射前出现的和任务操作中留下的微粒。

阐释：地面或低重力环境下的制造、装配和其他操作都可能堆积残渣和碎片。在飞行过程或低重力环境中，这些残渣会污染飞船。系统开发说明应确保乘员能获取累积的残渣并清除之。

7.11.3　表面材料选择 [V2 7081]

系统设计应选取不易滋生微生物的表面材料。

阐释：需建立一套程序要求，来评估一些特殊的、非标准的表面材料是否达到不易滋生微生物的特征，例如一些保湿材料和限制空气流通的材料。

7.11.4　表面材料清洁 [V2 7082]

系统设计应使表面材料易于采用计划好的清洁方法得到清洁和

消毒。

　　阐释：需建立一套程序要求来评估表面材料是否达到易于清洁和消毒的特征，例如一些纹理很深的材料。

7.11.5　清洁材料［V2 7083］

　　系统应提供有效、安全的清洁材料，且与水回收、大气再生、废物处理系统均相容。

　　阐释：需建立一套程序要求，来评估清洁材料是否达到上述特征。有效的清洁材料具有准备就绪、可使用的清洁表面而不需额外清洁的特性。例如，有效的窗户清洁材料会让窗户上没有累积物、条纹以及其他会影响窗户使用（拍照和飞行任务）的人工残留物。另一方面，即使餐桌表面出现条纹、累积物等，只要对于准备端上来食用的食物而言桌面是安全的，那么，餐桌清洁材料仍会被认为是有效的。

7.12　娱乐功能［V2 7084］

　　该系统应为乘组提供休闲娱乐功能以维持其行为和心理健康。

　　阐释：适当的娱乐设施应顺其自然且与任务持续时间相适应。程序开发要求，应当为乘员需求的心理评估提供时间和资源。该系统设计包括娱乐设施、材料以及在这些评估中易于识别的可使用的场所。

8　结　构

结构被定义为功能区域的排列和配置，是乘组生活和工作的区域。其包括转移、限制器和移动辅助设施、舱门、窗户和照明等所需的任何物品。对于适应乘组身体特性的详细要求参见本标准第 4 章，居住结构内的具体功能的实现见本标准第 7 章，结构的环境质量见第 6 章。

8.1　空间

8.1.1　空间分配 [V2 8001]

系统**应**提供乘组执行所有任务、使用必需的工具和设备以满足任务目标和目的的必需的空间。

阐释：为了任务的安全和成功，应提供充足的内部尺寸（包括体积和表面积），以确保乘组能安全、有效和有力地执行任务作业，包括工作、睡眠、吃饭、出舱、进舱和其他必须的任务。当确定必要的空间量时，根据 JSC 63557《实际可居住空间的确认方法》，考虑所有类型的空间十分重要，包括加压的空间、可居住的和实际可居住的空间。

8.1.2　乘员居住空间 [V2 8002]

系统**应**提供预期乘组人数居住所需的空间。

阐释：每一个乘员活动所需的空间应增加，以允许乘组的交互和安全进/出工作地点。设计者应注意，不要假定任何特定活动的空间不会因为其他乘员的出现而受到妨碍。任务过程中规划的交互活动，应说明活动的空间以及在航天器内的位置。侵占其他乘组空间的活动应通过时序安排或通过工作空间尺寸和配置的设计来避免。

8.1.3　任务居住空间 [V2 8003]

系统**应**提供满足正常任务和应急天数所需的空间。

阐释：延长任务持续时间要求扩展物理空间，从适应任务工作和个人的需求。每个乘员和总乘组所需的总实际可居住空间随持续时间增加，特别是如果任务不能进行后勤补给时。任务和空间的设计者应仔细分析乘组、乘组设备和存储的空间需求以及垃圾容纳空间，确保其有足够的大小为乘组有效和有力地执行任务目标提供充足的实际可居住空间。

8.1.4　行为健康空间 [**V2 8004**]

实际可居住空间和内部配置**应**支持乘组的行为健康。

阐释：限制、隔离和压力随着航天任务持续时间的增加而趋于增强，这造成乘员在心理上需要更多的空间。随着任务持续时间逐渐延长，隐私对于乘组变得越来越重要。当评估系统的实际可居住空间和内部配置需要时，应认真考虑整个工作空间的文化态度。

8.2　配置

8.2.1　功能划分

8.2.1.1　功能划分 [**V2 8005**]

适居性功能**应**根据通用设备的使用、干扰以及操作的顺序和兼容性来分配。

阐释：任何系统、功能或行为的设计都应基于活动发生的逻辑顺序和顺畅流程。通常，当功能需要顺序使用或需要相互紧密协同时，最有效的布局是将这些功能彼此相邻。但是，这个通用规则也有一些局限性。相邻的位置不会使该工作场所内任何行为效率降低，这种位置安排也不会降低周围工作场所的任何行为降低。除了简单的活动流程外，通常的邻近性考虑还包括转移的频率、顺序的依赖性、公用的支持设备、身体干扰、交通干扰、隐私、机密性、噪声输出和灵敏度、照明、振动和污染等。

8.2.1.2　干扰 [**V2 8006**]

系统**应**将彼此干扰的功能区域分开。

阐释：不相关的行为放在同一地点会使操作效果变差，导致工作负荷增加和操作延迟。在狭小的空间满足这些要求是困难的，但应尽力将操作上存在冲突或产生与其他任务相冲突的环境条件（例如眩光、噪声、振动、热量和气味）的功能和性能进行分离。

8.2.2 方向

8.2.2.1 空间方向 [V2 8007]

载人空间站内的界面元素**应**与空间方向一致。

阐释：只要有可能，应为整个航天器建立一致的方向朝向。在1g或部分g环境下，朝向不是一个特别的问题。下是重力作用的方向，人通常采用脚下头上的姿态工作。在微重力环境下，人的工作位置是随机的。这里没有确定的上或下的重力提示。在微重力环境下，主要通过系统设计者控制的视觉提示确定朝向。为微重力环境设计时考虑的几个朝向因素包括工作表面、训练和测试、失定向、视觉方向提示和设备操作。

8.2.2.2 方向的一致性 [V2 8008]

在微重力环境下，系统**应**建立局部的垂直朝向。

阐释：在微重力条件下，朝向主要通过系统设计者控制的视觉提示来确定。具体乘员站内的朝向是指局部垂直方向。设计微重力环境时考虑的几个朝向因素包括工作表面、训练和测试、失定向、视觉方向提示和设备的操作。

8.2.2.3 界面方向 [V2 8009]

乘组工作站内的界面元素**应**与乘员头部径向平面是一致的朝向。

阐释：保持界面及其元素方向的一致性，可以使乘员通过旋转来重新调整位置的需要减少到最小，完成某些任务时需要这样的旋转，例如阅读标签和显示器等需要特定方向的部件。不一致的和变化的显示和控制方向可能造成操作延迟和误操作。虽然考虑到某些操作的复杂性，例如驾驶、所有的控制、显示和标识都采用单一方向可能不现实，但在设计中应尽量减少对乘员的重新定位要求，以便高效地完成任务。这个要求意味着，一个界面的所有设备应参照乘员的头部进行排列，即使头部转动也一样，这样在工作台实施操作的乘员仅需要轻微地俯仰来调整身体方向，不需要通过转动来调整身体方向。

8.2.3　位置和朝向辅助设备

8.2.3.1　位置标识［**V2 8010**］

应提供一套标准的位置编码系统，以唯一地标识系统内每一个预先确定的位置。

阐释：位置编码提供了一个清晰的指代航天器内不同位置的方法，并且在穿行航天器或卸载/装载设备时可作为一个通信和 SA 工具。一个航天飞机位置代码的示例是中舱锁柜的编码：锁柜 MF28H 位于中舱（M），前部（F）表面，右侧表面总宽度的 28% 处，距表面顶部 122 cm（48 in）［H 表示距离顶部有 8 个字母排序的增量 15.2 cm（6 in）］。

8.2.3.2　位置辅助装置［**V2 8011**］

系统**应**为乘员提供定位系统内物品或地点的辅助装置，其可帮助调整他们与这些物品或位置的相对方向。

阐释：乘员需要视觉提示来帮助他们快速调整到当地的垂直朝向。当邻近的工作台垂直朝方差异超过 45°或更大时，应提供视觉分界，以防止相邻工作台的要素被意外使用。

8.2.3.3　视觉差异［**V2 8012**］

对于相邻但功能独立的工作台，系统**应**提供视觉上的差异。

阐释：乘员需要易于阅读的视觉提示来帮助他们快速调整方向到正常位置。这些视觉提示应确定水平或垂直的参照面。当相邻工作台垂直方向的差异超过 45°或更大时，应提供视觉分界，以防止其他工作台上的元素被意外使用。

8.3　转移路径

8.3.1　内部转移路径［**V2 8013**］

系统**应**提供舱内活动（IVA）转移路径，使得乘组和设备在正常操作、意外情况以及紧急情况下的限定时间内完成移动。

阐释：需要有转移路径来支持乘组和设备在航天器内安全和有效地移动。路径设计应考虑每个工作台发生活动的类型和水平，乘组和设备之间要求的转运，工作台的位置、乘组的人数以及被转移的设备类型。例如，ISS得到的经验表明，国际空间站就餐区域周围的转移路径妨碍了乘组就餐期间所需的休息和放松。

8.3.2　紧急转移路径 [V2 8014]

航天器（不包括航天服）的配置方式**应**能使乘组在限定的时间内进入或离开（包括舱门操作，如果需要的话），这个时间是指紧急事件发生时确保乘组健康和安全所需的时间。

阐释：系统开发者需要在设计过程早期确定紧急情况下的逃生路径，以确保它们的功能。路径应畅通无阻（没有障碍、突出物、存储产品等）、标识清晰、有应急操作的照明、要求通过时需要最少的操作（比如笨拙的转弯或舱门操作）。当设计路径大小时，设计者需要考虑使用者的尺寸，包括服装和特殊保护设备，以及同时使用者的数量，包括可能的救援人员。

8.3.3　进舱、出舱和逃生的转移路径 [V2 8015]

系统**应**提供着航天服的乘员进舱、出舱和逃生的转移路径。

阐释：着航天服的乘员在地面应能方便而迅速地进入或离开飞行器，或飞行中在两个交会对接舱之间方便而迅速地转移。

8.3.4　转移路径的干扰 [V2 8016]

转移路径**应**使乘员和设备在转移时不干扰乘员的活动。

阐释：运输流不得干扰乘组的其他无关操作和娱乐活动。这些活动可能包括灵敏的航天器控制，例行维修、试验、饮食、睡眠和放松。

8.3.5　同时使用 [V2 8017]

只要合适，转移路径的尺寸**应**允许乘员的同时使用。

阐释：考虑到航天器有限的空间，可以预期会发生乘员同时移动的情况。乘组可能是着航天服的或未着航天服的，加压的或不加压的。在正常状态和紧急情况下都可能出现同时使用。在设计转移路径的尺寸时，应考虑乘组人数和预计开展的工作。

8.3.6　避免风险 [**V2 8018**]

设计的转移路径应避免风险暴露。

阐释：转移路径应没有突起物，将移动乘员或有松动物品的设备时发生缠绕的可能性降到最小，比如束缚装置、电缆、软管或电线等。流量大的交叉转移路径应将碰撞减少到最小，这样附近设备就不会发生损坏。

8.3.7　路径可视性 [**V2 8019**]

应标识应急路径，并且在正常操作、意外情况和紧急情况下都能看得见该标识。

阐释：因航天器或子系统故障或损坏需要进行人员撤离的可能性是存在的，这样就影响了交通流的设计。在需要从现有位置紧急出舱时，应为乘员提供出舱和隔离的逃生路径。进口和出口路径是被保护的，路径不得有障碍物，不得有死胡同走廊，要标识清楚，为乘员和设备提供安全和高效的转移。

8.3.8　乘组出舱转移路径——地面 [**V2 8020**]

系统**应**提供转移路径，帮助着航天服或不着航天服的、失去行动能力的乘员在地面出舱。

阐释：失去行动能力的乘员，无论是着航天服或不着航天服，都可能不能自主出舱，也可能还处于受约束状态，需要他人协助其从受制约的位置离开，包括飞行前和着陆后。出舱转移路径应能容纳被帮助的乘员、救援人员以及任何必需的设备，例如，医疗设备。

8.3.9　乘员在太空的进舱/出舱转移路径 [**V2 8021**]

系统**应**提供在轨转移路径，帮助失去行动能力的着航天服或不着航天服的乘员出舱或进舱。

阐释：着压力服失去行动能力的乘员可能不能自主进入飞船或航天器；或可能还处于受制约的位置，需要帮助。这可能包括舱外活动后的进舱口，舱外活动后的航天器进出口或航天器对接的任何飞行器或舱段进出口。着压力服的乘员是极端情况。这个要求也包括着非加压服装以及不着航天服的乘员的辅助进舱口和出舱口。

8.4　舱门和门口

8.4.1　可操作性

8.4.1.1　不需工具的舱门盖和门的操作 ［V2 8022］

舱门盖和门应设计为从任何一边、由一个着航天服的乘员不使用工具就能解锁/打开或锁住/关闭。

阐释：舱门操作包括解锁/打开或插锁/关闭舱门。工具丢失或损坏会使舱门不能打开或关闭，这可能导致乘员损失（LOC）或任务失败（LOM）。飞行器舱门在地面操作以及发射台应急出舱后进入地面安全屋时由着航天服的乘员操作舱门，不需要使用工具。

8.4.1.2　舱门盖解锁 ［V2 8023］

舱门盖应要求两种截然不同的和有顺序的解锁操作。

阐释：舱门的无意打开和随后的座舱失压将是灾难性的。要求有两种独立的、截然不同的操作来帮助确保舱门不会由于意外接触被打开。

8.4.1.3　舱口盖和门的操作时间 ［V2 8024］

对于正常操作，内部舱门盖和门应能由单个乘员在不超过 60 秒时间里完成操作，包括打开、关闭、锁住和解锁。

阐释：舱门操作包括解锁/打开或锁住/关闭舱门。过长的操作时间可能阻碍在舱门两边的乘组进舱或出舱。舱门操作 60 秒的要求是基于工程判断，要求舱门设计得易于操作，同时又不使舱门设计复杂化。这并不排除某个项目实施更严格的设计要求。本要求既适用于飞行航天器也适用于发射台应急出舱后的地面安全屋舱门。

8.4.1.4　舱门盖和门的操作力 ［**V2 8025**］

在预期最糟糕的压差情况下，操作舱门盖和门所需的力量**应**在被选择的乘员人群中力量最弱的一位可及的范围内。

阐释：所有乘员都能操作舱门、舱门盖和门。依照力量最弱的乘员设计操作力，可以确保乘组能完成事关安全和任务失败的活动。

8.4.1.5　舱门盖和门的重力操作 ［**V2 8026**］

在暴露的所有预期重力条件和方向下，舱门盖和门都**应**能正常使用。

阐释：舱门对于乘组和飞行器的安全至关重要，不仅因为它们能维持压力环境，而且因为在必要的情况下它们具备隔离航天器内部分空间的能力。不管是为微重力环境中运行的航天器还是为行星表面的运行的飞行器进行设计，任何乘员在预期的环境都能操作舱门。

8.4.2　舱门和门口的设计

8.4.2.1　舱门尺寸和形状 ［**V2 8027**］

舱门和门口的尺寸与形状，**应**能满足着服装的乘员自由通行。

阐释：着服装的乘员典型情形是，由于服装的使用，乘员在各个方向上的尺寸都增大了。如果出现需要着服装的乘员通过舱门和门口的情形，特别在应急情况下，舱门和门口应有足够大小来确保乘员安全和有效的通过。

8.4.2.2　舱门两侧压力平衡 ［**V2 8028**］

每个舱门两侧都**应**具备手动调节保持与对面压力平衡的能力，乘员着服装或不着服装从压力舱门一侧都可完成该操作。

阐释：为了安全地打开舱门，舱门两边的空气压力应该是平衡的。在某些飞行器故障情形下，实现压力平衡的非手动方式可能失效。手动压力平衡使舱门在飞行器任何状态下都能被打开。

8.4.2.3　透过舱门的可视性 ［**V2 8029**］

系统**应**提供窗户，可直接而非以电子方式观察舱门另一边的环境。

阐释：直接目视观测舱门对面的环境，使乘组可以出于安全目的判定出舱门对面的情况或障碍，比如出现火情或碎片。窗口不会发生镜头和显示系统具有的故障模式，镜头和显示系统在最需要的应急情况下可能不能操作。

8.4.3　舱门盖和门的设计

8.4.3.1　舱门盖和门的冲突 ［**V2 8030**］

当被打开时，舱门盖和门**应**容许不受限制的运输流动。

阐释：打开的舱门应不得突出到转移空间，不得防碍乘组和任何设备需要从一个位置转移到另一个位置时安全和有效的移动。另外，打开的舱门应允许提供无障碍的应急转移路径。

8.4.3.2　舱门盖关闭和锁住状态显示 ［**V2 8031**］

压力舱门盖**应**能在舱门两侧都显示关闭和锁住状态。

阐释：在舱门两边显示舱门关闭和锁住状态，使得地面人员（发射台）和乘员能够确认每一个舱门都已关闭和锁定。通过提供关闭和锁住位置的状态，就能验证舱门的适当安全性。舱门关闭意味着舱门处于可被锁定的适当位置。

8.4.3.3　舱门盖压力显示 ［**V2 8032**］

压力舱门盖**应**能在舱门两侧显示舱门两边的压差。

阐释：舱门两侧显示舱门压差允许地面人员和乘员观察舱门两侧的压力变化，知道什么时候压差足够低，能安全地打开舱门。可使用压力数值、色彩或其他线索来显示什么时间操作舱门是安全的。

8.5　束缚和活动辅助设施

8.5.1　乘组束缚装置的提供 ［**V2 8033**］

应向乘组提供束缚装置，帮助他们在低重力条件下或高加速度期间维持身体姿势和位置。

阐释：在工作台附近维持固定的姿态和方向，对于确保乘组无需运动就能启动控制装置是十分必要的。当没有重力将个体维持在一个站立或坐的表面上时，身体会朝作用力相反的方向漂浮或移动。在任务期间，维持身体姿势需要乘组在认知上的和身体上的努力，这会干扰到任务的执行。使用双手的活动不需要使用手柄来维持乘员在工作台的身体姿势，但可能需要诸如脚环、束缚带或系绳之类的束缚装置。

8.5.2　乘组束缚装置设计 ［**V2 8034**］

乘组束缚装置的设计**应**能在整个任务期适合乘员。

阐释：乘组的束缚装置提供了操作的稳定性。在工作台开展工作时，当需要操作员保持稳定的情况下，例如，通过目镜观察、键盘操作或电路修理，脚限制器和其他专用固定位置技术可能就足够了。然而，有些工作要求被固定的乘员长时间维持特定姿势，例如，持续 1 小时或更长时间的连续使用，这要求束缚系统设计时要考虑到持续时间、稳定性和操作训练。

8.5.3　乘组束缚装置姿态适应性 ［**V2 8035**］

在微重力条件下应用的乘组束缚装置，其设计**应**与乘员的中性身体姿势兼容。

阐释：在微重力下人的中性体位姿势不像 1 g 的垂直自然姿势。最显著的是脚和手臂角度的变化以及肩膀上升，头部向前和向下倾斜，髋部/膝盖弯曲使躯干向后移动。如果设备不适应中性身体姿势，乘员将感觉疲劳和体会到不舒适。这可能导致之后执行和完成任务能力的降低。

8.5.4　乘员束缚装置的干扰 ［**V2 8036**］

乘员束缚装置**应**不干扰乘员执行任务。

阐释：对于一些简单的任务，可用一只手保持身体稳定，另一只手很容易地执行任务。然而，更加复杂的任务则要求两只手协同，这可能就要使用某些类型的身体或脚束缚系统。

8.5.5　控制器操作的乘组束缚装置 ［**V2 8037**］

在低重力期间以及动态飞行或多轴加速度期间，控制器操作时应能提供乘组束缚系统。

阐释：为了确保启动控制器时乘员不会产生运动，在控制器操作期间保持一定姿势和方向是必要的。束缚装置旨在提供支持和使乘员稳固，以避免乘员意外操作控制器。

8.5.6　活动辅助设施的标准化 [V2 8038]

活动辅助设施应是标准化的、清楚可辨识的，所处位置有助于乘组开始或停止运动、改变方向或速度、或者转移设备。

阐释：活动辅助设施，比如扶手和脚限制器，允许乘员在微重力下有效地从一个地方移动到另一个地方，同时也降低了对设备的意外碰撞所引起的飞行器危险或乘员伤害。没有预先确定的活动辅助设施，乘员可能使用其他可利用的设备，这些设备可能因为产生的负荷而导致损坏。辅助设施的标准化可减少乘组的训练，在航天器内部空间转移物体时，辅助设施能容易识别。视觉提示的通用性是很重要的，这样乘组能容易地区分专门的活动辅助设施和非活动辅助设施，后者可能由于乘组施加的负荷而损坏。在应急情况下，乘组要能快速从周围结构中辨别出活动辅助设施。视觉线索，比如色彩代码，可能为这种功能提供帮助。

8.5.7　活动辅助设施的结构强度 [V2 8039]

所有固定和便携式 IVA 辅助设施应设计成可经受住预期的乘组力量，同时不发生故障或出现损坏。

阐释：航天飞行乘组的预期任务是各式各样的，活动辅助设施应支持乘员转移，也应支持转移设备或其他穿服装或不穿服装、加压或不加压的的乘员。活动辅助设施帮助乘组保持稳定，并帮助停止、开始或改变方向。

8.5.8　提供进舱和出舱帮助的活动辅助设施 [V2 8040]

应提供活动辅助设备帮助失去活动能力的乘员进出舱。

阐释：着加压服装或不加压服装的失去行动能力的乘组，可能不能自主进入航天器，也可能还处于束缚状态，需要提供帮助。移动乘组可能包括：完成舱外活动后的进舱，完成 EVA 后进/出另一个航天器，或进/出与航天器对接任何飞行器或舱段。辅助乘组将需要使用活动辅助设施，其不仅用于失去行动能力乘组的转移，也用于转移时的固定。

8.5.9   进舱、出舱及逃生的活动辅助设施 [**V2 8041**]

应提供活动辅助设备，用于着航天服乘组的进舱、出舱和逃生。

阐释：因为着服装的乘组的灵活性受到限制，活动辅助设施使乘员能安全和有效地进入和离开飞行器。

8.5.10   IVA 操作的活动辅助设备 [**V2 8042**]

只要适合，就**应**为乘组舱内活动操作提供移动辅助设备。

阐释：活动辅助设施，比如扶手和脚限制器，允许乘员在微重力条件下从一个地方到另一个地方有效地移动，并降低意外碰撞设备所引起的飞行器损坏或乘员受伤风险。天空实验室计划早期经验表明，在微重力下移动存在问题。停止、开始和变换方向都需要最好是由手或脚产生的力量。合适位置的活动辅助设施使这些成为可能。通过提供无障碍、防滑表面和非圆形的横截面，活动辅助设施应设计为能适用于穿压力服的乘员。没有预先确定的活动辅助设施，乘员可能会使用可利用的设备，而该设备可能会被引起的负荷损坏。

8.6   窗

在位置、光学性能、视野以及防护等方面，窗户是航天飞行操作不可分割的一个部分。支持操作和任务需求的窗的最低关键设计参数有：窗的清晰视界孔径、尺寸、双折射、颜色平衡、雾、折射系数、波前质量、反射比、包含物材质、表面瑕疵、环境照明、眩光、视觉障碍（例如安装光学硬件和镜头）、震动、内部和外部污染、窗口在航天器上的位置、使用者相对于窗口的距离、位置和方向等。

8.6.1　视觉特性

8.6.1.1　窗口可见性 [**V2 8043**]

系统**应**为所有飞行器提供窗户，以提供无阻挡的视野、支持预期的乘员任务。

阐释：窗口提供直接的、非电子的贯穿视野，对于任务的安全和成功、以及维持乘员的身心健康至关重要。窗支持乘员摄影（是在轨乘员上下班时的主要任务）、提供外部环境的 SA，这对驾驶和机器人操作十分重要，并允许通过舱口进行安全观察。窗口也允许恒星导航、航天器故障探测和检查以及环境和科学观测。窗没有相机和显示系统所具有的故障模式，在应急情况下最需要的时候，相机和现实系统可能不能操作。

8.6.1.2　多用途窗口 [**V2 8044**]

用于多种目的的窗口**应**满足使用窗口的任务的大部分光学要求。

阐释：窗口常常用于支持多种不同的任务和工作，每项都需要一组独特的光学性能。因此，给定的窗不得不支持其使用任务中最严格的光学需求。如果窗口使用的光学性能要求高于其既定设计，就会产生不可接受的视觉感知、视线偏离以及通过窗口获取的视频和图像模糊不清（以及其他问题）。对于窗口形状没有什么限制，只要每个窗口能提供所需的最低清晰视界孔径即可，其选择的类别应符合 JSC 63307《载人航天器窗口的光学性能要求》。实际上，较好光学性能等级的窗口可能有高等级的光学性能。在这种情况下（例如，B 类或 C 类清晰视界孔径窗口分别按照 B 类或 A 类光学性能生产），该窗口可能替代高光学性能类别的窗口，但仅在完全必要时且在限定的范围内才能使用。

8.6.1.3　窗口的光学特性 [**V2 8045**]

窗口系统的光学特性**应**与其任务相称，并符合 JSC 63307。

阐释：系统的窗口要具备必要的光学性能以使视觉灵敏度和光学性能不被降低。JSC 63307 具体规定了与不同任务相对应的（它们将要用来干什么）不同类型的系统窗口的光学性能。这些光学特性给系统的窗口提供了任务支持并允许通过窗口获取图像所需的最低光学性能，这样获取的图像不会模糊不清、等级降低或变形。详细的结构设计考虑、学习到的经验以及满足这些要求的验证方法具体见 HIDH，附录 D，该文件是 JSC 63307 的上级文件。

8.6.1.4　窗口障碍 [V2 8046]

窗口视野**不应**该有任何形式的遮挡，除非是：专门为保护和盖上窗口而设计的硬件；用于驾驶的硬件，如头部的上显示器（HUD）、乘员光学定位系统（COAS）或其他类似装备；外模线或航天器自身的壳体结构；其他窗口和窗框；以及窗口本身使用的、位于清晰视界 13 mm（0.5 in）周长内的仪器。

阐释：固定装备，如窗口设备、硬件或冷凝防护系统，从正常的乘组位置进行窗外观察时会阻挡视野，从而可能影响驾驶和摄影任务。关于航天器内外视域阻挡排除区域的设计细节参见 HIDI 的 8.6 节。

8.6.1.5　最低窗口质量 [V2 8047]

所有的航天器**应**提供至少一个窗口（舱门窗口除外）供乘员在飞行的所有阶段使用，并且在正常光照情况下（参考波长＝632.0 nm），在窗口中央 80% 的物理区域内，对任何 100 mm（4 in）以内的亚孔径，通过组合所有 1/4 波长的窗玻璃，使传输的波阵面误差具有最大的峰-谷值，以实现从内到外和从外到内的直接的、非电子的、透过航天器舱体的观看、观测和摄影。

阐释：窗口提供外部环境的 SA 对驾驶和机械操作十分重要。其允许恒星导航、航天器检测以及环境和科学观测，并且对确保乘员安全和身心健康十分关键。在这一点上，窗口没有镜头和显示系统所具有的故障模式，镜头和显示系统在最需要的时候，尤其是在应急情况下，可能不能使用。船上乘员在"上下班"工作中出于多种目的，经常使用窗口进行详细的视频成像和摄影，目的有安全和工程评估、操作活动和紧急事件记录以及公共关系。出于上述目的，通过窗口获取图像不得因窗口而降低质量。1/4 波的标准符合瑞利

（Rayleigh）限值。

8.6.1.6　窗口附近的表面处理 ［**V2 8048**］

任何窗口周围所有方向 0.15 m（～6 in）范围的内外窗组件的框架和支持结构**应**进行表面处理，使波长范围在 400～1 000 nm 之间光线的漫反射率小于 10%，10°、30°、60° 的入射角时的镜面反射率小于 1%，这样能使偏离光线最小化，特别是窗格之间。

阐释：对窗口结构本身、窗口周围结构以及与窗口相对的内表面进行哑光处理后，就能减小窗口的偏离光线、假镜面反射以及背景反射。这允许通过窗口观察时去除不需要的光源干扰。波长范围规定到了近红外（IR），因为一些平的黑色、无反射的表面处理在这些波长范围内有较高的反射率，这会影响乘员所使用的 IR 光学设备和装备。关于窗口附近表面处理的详细设计考虑参见 HIDH 的8.6 节。

8.6.2　遮光

8.6.2.1　窗口的遮光 ［**V2 8049**］

系统的每个窗口都**应**配备不透明的遮光帘或百叶窗，以阻止外界光线进入乘员舱内，这样舱内光线水平在距离每个窗口 0.5 m（20 in）处可以减少到 2 lux。

阐释：外部光照会干扰航天器内部操作，例如乘员睡觉以及静态和动态成像，尤其是当光线引起眩光时。遮光帘和百叶窗可阻止外部光照通过窗口进入居住舱。

8.6.2.2　不用工具拆除和移动/操作窗口防护罩 ［**V2 8050**］

设计为常规使用的系统窗口防护罩，**应**能由一名乘员在规定的时间内、在不使用工具的情况下，进行移动、更换或者完全开关操作。

阐释：窗口系统的防护，如窗口盖、遮光帘、滤光装置以及用于内部防护的玻璃和百叶窗、其他类似设备以及外部防护玻璃，必须方便使用。系统窗口防护设备的拆除、更换和操作也不能给乘组带来时间上的负担。为了去除、更换或操作保护装置、遮光帘、滤光器、百叶窗和其他类似设备等例行任务而不得不取出、使用和存放工具，这将十分繁琐、负担沉重。对系统窗口防护装置进行快速拆除或打开和替换或关闭的能力，确保了其适当使用以及对窗口的恰当保护，并能确保乘员在需要时在位。关于系统窗口防护的详细设计考虑参见 HIDH 的 8.6 节。

8.7 照明

8.7.1 照明等级 [V2 8051]

系统应能根据不同的任务需求提供不同等级的照明。

阐释：在航天器内，预期乘员完成的任务范围很广。需完成的任务不同，照明等级要求也不一样。例如，入轨后的座舱重新配置需要同时阅读标记和检查清单、乘组移动、机械组装、航天器多种位置的手动操作，每一个都需要给乘员和设备间提供充足的无遮挡照明。同样的，交会和接近段操作可能需要将舱内光线调暗，便于向窗外观察，但同时光线要足够满足乘组移动和手动控制的需要。单个类型的照明和单个照明等级不足以支持所有任务，因此通用照明和任务照明是必要的。

8.7.2 外部照明 [V2 8052]

系统应提供外部照明以辅助乘员进行组装、维护、导航、交会对接、进出舱、EVA 操作和外部任务操作。

阐释：外部操作是例行的工作，特别是当航天器停靠在行星表面时。操作类型变化很大，从支持乘员组装和维护操作到航天器和居住舱定位，从导航和找路到表面地质学和其他科学研究。要达到任务目的，相应的光照类型和照度等级是必需的。应考虑行星表面的照度和反射，这些变化取决于任务选择的行星体以及在行星上的位置。

8.7.3 应急照明 [V2 8053]

在电力系统故障的情况下，系统应提供乘组出舱和/或恢复操作用的应急照明。

阐释：应急照明是所有飞船总体照明系统中的一部分。在通用电力故障的情况下，它允许乘员出舱和/或进行恢复操作。应急照明系统应自动启动，以允许操作者和其他航天器居民移动到安全的位置，以及允许任何居住点和指定的安全屋之间的高效转运。高效转移包括相对于门口和舱门的适当定位以及出舱路径沿线的障碍物躲避。

8.7.4　照明颜色 [V2 8054]

照明的颜色**应**与被照明的任务匹配。

阐释：颜色感知取决于呈现在眼中的可见光谱和照度。上述变量取决于照明光源的光谱以及环境中传输介质和反射材料的吸收特性对光谱的改变。行星大气吸收和尘土的光学散射能极大地影响居住舱附近标牌着色剂的选择。在确定照明指引信标、航天器前大灯的光照强度和颜色要求时，应该考虑这些因素。为了让观察者可靠地产生特定颜色的感知，需控制物体表面的光谱反射（物体的"颜色"）和照射光谱。因为同一个物体在不同的光源下观察造成的颜色感知可能会有巨大差异。这可能会引起颜色编码方案的歧义，或者以设计者未预料的方式影响到物体的鉴别。

8.7.5　昼夜节律引导 [V2 8055]

乘员觉醒期间，照明系统**应**为乘员提供视网膜照明暴露，要有足够的光强和最佳的波长，将乘员带入每天 24 小时的人体昼夜节律。

阐释：照明系统应提供引导昼夜节律的适宜照明，以应对航天飞行乘组睡眠/觉醒周期打乱的问题。建立稳定昼夜节律的困难类似于地球上那些工作轮班倒的人、乘坐飞机穿越多个时区（时差）的人、潜艇人员，以及高纬度地区度过数月冬季的一些个人。人的昼夜节律可以通过多种环境刺激进行引导（同步），但影响最大的方法是暴露在亮光中。

8.7.6　照明控制 ［**V2 8056**］

照明系统**应**有控制开关。

阐释：在每个舱段内通过开关灯控制，允许乘员在不改变位置的情况下看到光线改变引起的效果。控制的方便使用很必要。光源能被完全关闭和打开。这种控制允许乘员执行需要通过视窗观察或拍照等操作以及睡觉等活动。

8.7.7　照明可调性 ［**V2 8057**］

内部照明**应**在最大输出和最小亮度范围内可调节（调光）。

阐释：内部照明应可调，以便外部照度较低时允许乘员向外观察，如在交会段；并在乘员休息时允许选择降低亮度。

8.7.8　防眩光 ［**V2 8058**］

应避免造成视觉不适或危害视觉的直接和间接眩光。

阐释：眩光能引起眼睛不适和视觉功能降低。如果在观察者视域内光源产生比周围环境大的照度（高的比对度范围）并在视域内占据一大部分，则它可能成为一个直接的眩光源。如果从物体表面反射的光源在视域范围内产生了一个比周围照度大的区域，它可能成为一个反射（间接）眩光源。预期完成的各种任务类型以及任务执行的地点应加以考虑，无论是在飞行器内部还是外部、以及是否在行星表面都一样。首先应该通过安排工作站和光源（包括窗口）消除眩光。在这种安排不能实现的情况下，各种消减措施，如光源阻碍、窗口遮光帘以及计算机显示器眩光屏蔽，都可以使用。

9　硬件和设备

本章对硬件和设备提出设计要求。

本章提出的要求适用于所有与乘员交互的硬件和设备,从大型和复杂系统(如 ISS 货架)到小型物品(如工具、抽屉、隔板、束缚装置、活动辅助设施、紧固件、连接器、服装和乘员个人装备)。

9.1　标准化

9.1.1　乘员界面的通用性 [**V2 9001**]

具有相似功能的硬件和设备**应**具备通用的乘员界面。

阐释:本条要求的目的是确保给定的载人飞行项目中的通用性和一致性,这有利于学习和减小乘员失误。

9.1.2　区分 [**V2 9002**]

具有相同或相似外形但功能不同的硬件和设备**应**容易识别、辨认,且物理上不可互换。

阐释:本条要求的目的是避免乘员潜在的混淆,因为产品外形相似不易识别确认容易导致发生失误。

9.1.3　例行操作 [**V2 9003**]

在例行/正常操作期间使用的系统、硬件和设备**应**不得耗费过多时间,否则会造成任务中断和阻碍乘组执行任务。

阐释:优秀的系统和设备设计能够减少执行例行任务的时间,即食品准备、维护保养和库存管理等。不得不取出、使用和存放工具以用于例行/正常的系统、硬件和设备的操作,对于例行任务可能是特别麻烦和繁重的。快捷操作的能力可帮助确保正确的使用。

9.2　训练最少化 [**V2 9004**]

硬件和设备设计**应**使训练时间最少化。

阐释：通常，设计师依据在本标准 9.1 节和第 10 章内规定的要求，可使训练达到最小化。然而，一个具体系统可能具有能使训练最小化要求的特点。例如，一个现有系统进行技术升级可保持相同的界面。这可定义在系统要求中，并能将额外的训练需求降低到最小。

9.3 风险最小化

9.3.1 机械风险最小化

9.3.1.1 机械风险 [V2 9005]

系统、硬件和设备设计**应**防止运动部件伤害乘组。

阐释：已知的机械风险源可以在要求中进行定义。持续运行的设备是容易识别和防护的。不经常和不可预计的运动可能是相对不明显的风险。如果可能的话，系统要求应确定不可预计或很少发生的运动的潜在来源，同时清楚地说明其对这些系统的具体防护要求。

9.3.1.2 卡套 [V2 9006]

系统、硬件和设备的设计**应**防止乘员被卡套（缠结、刮绊、卡住等）。

阐释：本条适用于乘员直接接触的部件。松散的电缆、设备部件阻碍通道或乘员特意系好运动束缚装置（安全带、肩背带、脚限制器、系绳等）等，容易发生卡套。突出和缺口也容易挂绊身体或个人装备。例如，如果孔很小，手指可能卡住；相反，如果孔大些，手指就能自由移动。当需要撤离或返回到安全地点时，乘员很可能处于时间紧急的情况下。如果可能，要求应重点关注这些紧急情况。

9.3.1.3 势能 [V2 9007]

硬件和设备**应**不得以引起乘组受伤的方式释放存储的势能。

阐释：要求应能识别出所有已知的存储的势能来源。同所有的风险一样，可以通过设计远离该项风险，使用安全设备、提供报警或通过程序和训练等来减少危害。这些减轻风险的方式按降序进行优先顺序排列：最优的是通过设计远离风险，而依靠程序或训练是最后选择的方法。

9.3.1.4　碰撞和结构崩塌的保护［V2 9008］

硬件安装和居住舱外部的配置**应**能在发生加速度突然变化或碰撞时，保护乘组免受碰撞和结构坍塌的伤害。

阐释：通过注意（在设计过程的早期）结构和安全的设计，使乘组的居住空间保持完好和免受二次碰撞，在其他灾难性的情况下使乘组生存的机会大大增加。

9.3.1.5　锋利的角和边——固定的［V2 9009］

对于乘员裸露的皮肤接触到的固定的手持的设备的角和边，**应**设计成圆形，见表14。

阐释：在通道、维修区域、存储间或工作站中的锋利的角和边会造成危险状况，应避免出现。同样，手持产品，比如工具，对乘组也构成隐患。除了 IVA 暴露的潜在风险外，EVA 暴露在锋利表面可能会破坏服装的完整。这些要求用于保护裸露的皮肤。手套和服装可以保护皮肤；然而，一些服装或设备部件可能更容易被撕破和割破；需要为这些产品建立单独的要求。乘员可能会暴露于不同公司制造的产品中，这些要求应反映在对相关产品全体的要求中。

表 14　角和边

材料厚度(t)	角的最小半径	边的最小半径	图
t＞25 mm (t＞1 in)	13 mm ［0.5 in （球形的)］	3.0 mm (0.120 in)	

续表

材料厚度(t)	角的最小半径	边的最小半径	图
6.5 mm<t≤25 mm (0.25 in<t≤1 in)	13 mm (0.5 in)	3.0 mm (0.125 in)	
3.0 mm<t≤6.5 mm (0.125 in<t≤0.25 in)	6.5 mm (0.26 in)	1.5 mm (0.06 in)	
0.5 mm<t≤3.0 mm (0.02 in<t≤0.125 in)	6.5 mm (0.26 in)	全半径	
t<0.5 mm (t<0.02 in)	6.5 mm (0.26 in)	盘起、弯曲 或遮盖至 3.0 mm (0.120 in)	

9.3.1.6 锋利功能的物品的防护 [V2 9010]

当不使用时，应避免锋利功能物品造成乘组的伤害或设备的损坏。

阐释：锋利功能的物品是指因功能需要不能满足暴露边角要求

的物品，如注射器、剪刀和刀具。当这些产品不正常使用时，应防止其引起伤害。一种方式是罩住其锋利部分。

9.3.1.7 尖锐的角和边——不固定的 [V2 9011]

对于乘组能接触的、不固定的设备的角和边**应该**是圆形的，半径不少于在表15中给定的数据。

阐释：接触固定物品的力（并引发损坏）取决于乘员的质量和速度。但是，来自不固定物品的损伤则取决于该物品的质量。例如，一个人撞上固定剪切板比将剪切板扔向那个人产生损伤更大。因此，不固定设备的角和边不必像固定的物品那样圆。尽管手持物品不是固定的，但由于其要被挤压、而且用力可能很大。因此手持物品应满足与固定物品一样的边和角的圆形要求（本标准9.3.1.5节）。

表15 不固定设备的角和边

设备质量		边的最小半径/mm (in)	角的最小半径/mm (in)
下限/kg (lb)	上限/kg (lb)		
0.0 (0.0)	0.25 (0.6)	0.3 (0.01)	0.5 (0.02)
0.25 (0.6)	0.5 (1.1)	0.8 (0.03)	1.5 (0.06)
0.5 (1.1)	3.0 (6.6)	1.5 (0.06)	3.5 (0.14)
3.0 (6.6)	15.0 (33.1)	3.5 (0.14)	7.0 (0.3)
15.0 (33.1)	—	3.5 (0.14)	13.0 (0.5)

9.3.1.8 毛刺 [V2 9012]

暴露的表面**应**无毛刺。

阐释：毛刺是制造瑕疵或者在任务期间进行维修或组装操作后产生。毛刺可能造成设备或皮肤损害。毛刺的去除是制造过程的一部分，如果在任务期间可能产生毛刺，应该提供避免乘组暴露于毛刺的方法。

9.3.1.9 揑点 [V2 9013]

揑点**应**被覆盖好，或者用其他方法防止其引起乘组受伤。

阐释：揑点可能会引起乘组受伤，但由于正常设备功能的需要可能必须存在，比如，设备面板。可以通过将捏点位置放在乘员够不到的地方来避免伤害，或者提供防护装备消除潜在的伤害。

9.3.1.10 高温暴露 [V2 9014]

乘员裸露皮肤可以接触到的任何物品表面，**不应**产生表皮/真皮界面温度超过 44 ℃（111.2 ℉）的疼痛阈值。

阐释：Greene 等人（1958）关于人类的热疼痛耐受研究表明，皮肤温度为 43.7 ℃ 时达到疼痛阈值。Lloyd - Smith 和 Mendelssohn 发现热疼痛阈值为 44.6 ℃（112.3 ℉）。Defrin 等人（2006）研究身体不同部位热疼痛阈值，发现最低值为胸部 42 ℃（107.6 ℉），最高值为脚部 44.5 ℃（112.1 ℉），手部为 43.8 ℃（110.8 ℉）。Moritz 和 Henriques（1947）的研究发现，持续暴露 6 个小时后，引发明显皮肤损伤的最低温度为 44 ℃（111.2 ℉）。44 ℃（111.2 ℉）以上的情况，随着接触温度的增加，每增加 1 ℃ [最高不大于 51 ℃（123.8 ℉）] 引起损伤所需时间缩短 50%。增加接触压力并不会提高热损伤风险。在接触皮肤温度高于 70 ℃（158 ℉）时，不到 1 秒钟表皮细胞就会完全死亡。应采用疼痛阈值（而不是损伤阈值）来避免皮肤损伤，防止突然的疼痛反应，例如，迅速把手缩回，但这可能造成因挥动而引起损伤。

9.3.1.11 低温暴露 [V2 9015]

乘员裸露皮肤可以接触到的任何物品表面，**不应**产生表皮/真皮界面温度低于 10 ℃（50 ℉）的疼痛阈值。

阐释：航天服手套热性能研究表明，手部皮肤在 10 ℃（50 ℉）时会产生冷痛，这被认为是可以忍受的（JSC 39116，《EMU 阶段 VI 手套热量真空试验和分析最终报告》；Bue，2009）。以前关于人类对寒冷耐受的研究表明，皮肤温度达到 7 ℃（44.6 ℉）会引起麻木（Provins 和 Morton，1960），0 ℃ 会有冻伤的风险（Havenith et al，1992）。应采用疼痛阈值（而不是损伤阈值）来避免皮肤损伤，并且防止突然的疼痛反应，例如，快速把手缩回，但这可能造成因挥动而引起的损伤。此外，保持在麻木限值以上非常重要，因为麻木会掩盖皮肤损伤，进而会影响飞行安全，同时要保证在接触过冷物体后执行任务时皮肤能有正常的触感。

9.3.1.12　设备处理［**V2 9016**］

所有需要搬运、拆卸和更换的物品都**应**有抓握、操作和搬运的方法（并且在恰当的情况下，能由戴手套的手操作）。

阐释：使用硬件设备上原本不是用作手柄的硬件特征进行硬件的抓、握和移动时，可能会损坏设备或导致设备滑落以及伤害乘员或破坏周围设备。设计明显的用于抓握的专用把手可以防止此种事故发生。

9.3.2　电击风险最小化

9.3.2.1　电力中断［**V2 9017**］

系统**应**为乘组提供控制电路电源的能力。

阐释：假定在任务的某些节点，所有电路都要求乘员接触暴露的导体，那么此时应有方法用来消除这种暴露。最轻的情况下，其会干扰任务的完成；最严重的情况下，其会引起严重伤害甚至死亡。

9.3.2.2　通电状态［**V2 9018**］

系统**应**在相关的位置为乘员提供并显示电路断电状态（电力断开）。

阐释：当系统断电时，应当为用户提供确认断电与否成功的反馈。鉴于该信息的重要性、某些电路的复杂性、错误指示的可能性，很多时候会通过使用诸如电磁传感器之类的独立工具来验证电路状态。

9.3.2.3　电气危害限值［**V2 9019**］

系统、硬件和设备的设计**应**防止乘员意外或故意接触到 32 V 以上的电压。

阐释：国际电工委员会（IEC）TR 60479－5 1.0 版《电流对人类和家畜的影响》第 5 部分《触摸电压阈值的生理影响》中定义了安全接触直流电压，引起惊吓反应的电压范围为 1～78 V RMS。国际空间站和航天飞机项目将 32 V 设定为灾难限值（JSC 解释信：电击

TA - 94 - 029，在轨进舱舱和返回地面 MA2 - 99 - 142，以及连接/断开 MA2 - 299 - 170）。因此，对不超过这个乘员暴露限值的保守电压不进行有危害的控制，对于确保乘员的安全是合乎情理的。

9.3.2.4 电击的生理作用 [**V2 9020**]

对于每个载人飞行项目，都应根据 IEC TR 60479 确定电流暴露的生理效应，确定系统、硬件和设备都被设计为运行于不超过 32 V RMS，并根据这些效应保护乘组。

阐释：国际电工协会（IEC）是研究并发布所有电气、电子和相关技术国际标准的国际领先组织。项目应使用这些信息，根据生理反应（IEC TR 60479 - 5，版本 1.0，表 1）和暴露条件，例如皮肤电阻、表面接触、电流在身体内的流动路径，来确定危害的程度。IEC TR 60479 - 5，版本 1.0，表 2，提出了交流电和直流电引起惊吓反应、强肌肉反应和心室纤颤所对应的最低接触电压。某些类型的设备可以设计成将较大的本地电流以不同频率通过身体，例如电灼、肌肉刺激。虽然在风险分析过程中需考虑它们与乘员可能接触的其他设备的相互作用和连接，但这不能被考虑为泄漏电流。这些设备有其他适用的标准，例如 IEC、ISO 医疗器械发展协会提出的设计要求。为应对乘员有意或无意接触使用中的带电设备问题，有必要为电子/电气设备制定不高于 32 V 的安全电压要求。当乘员接触时设备就被断电，即使用适当数量的、与危害水平相应的控制，没有必要建立安全电压水平。如果项目中的系统、硬件和设备符合 NASA - STD - 300030V 的阈值要求，但不经过额外分析，也不能认定为是安全的或符合本要求的。

9.3.2.5 漏电——人体接触设备的设计 [**V2 9023**]

对于专门设计为人体直接接触的设备，其表面接触引起的漏电电流应低于表 16 中规定的限值。

阐释：有些设备需要让少量的电流通过身体来实现其预期的功能，例如医学监测设备的偏置电流。允许通过的电流大小取决于频率以及人体接触的部分是否与电源隔离。隔离电源设备的例子有内动脉导管和心电图（ECG）监视器；不隔离电源的设备的例子有血压计袖带和数字温度计。这些漏电电流水平应符合 IEC 60601-1，医疗电子设备-第1部分：隔离（CF型）和非隔离（B型和 BF型）设备中病人辅助和病人漏电电流基本安全和重要性能的通用要求。泄漏电流测量应包括使用的设备到人体和使用的设备到地的电流。所有电路的总和应与表16的电流限值进行比较。

表16　漏电电流——人体接触的设备

最大电流（mA RMS）			设备类型	
身体接触	频率	操作条件	隔离设备	非隔离设备
外部*	DC 至 1 kHz	正常	0.1	
		单次故障	0.5	
	>1 kHz	正常	小于（0.1×频率 kHz）或 5	
		单次故障	小于（0.5×频率 kHz）或 5	
内部	DC 至 1 kHz	正常	0.01	不允许
		单次故障	0.05	
	>1 kHz	正常	小于（0.01×频率 kHz）或 1	
		单次故障	小于（0.05×频率 kHz）或 1	

注：* 对于 DC 电流，长时间接触时，发热和组织坏死的风险较小。

9.3.3　流体和气体泄漏的风险最小化

9.3.3.1　液/气泄漏［**V2 9024**］

硬件和设备**不得**泄露液体和气体，引起乘员伤害。

阐释：乘员受伤可能是由于高压液体和气体或有毒液体和气体引起的。在这两种情况下，需要明确设计要求，在储存和处理液体和气体期间保证乘员的健康。

9.3.3.2　液/气隔离［**V2 9025**］

硬件和设备**应**提供液体和气体的隔离阀或开关。

阐释：在维护维修时，气体和液体最有可能需要临时关闭。系统研发者应识别出需要关闭的作业点，并设计隔离功能。如果没有专门的隔离控制，乘员要设计旁路，这会浪费时间还可能破坏设备。同时，为了节省时间、减少例如忘记关闭阀门或维修后忘记打开的失误，开关阀门应尽量靠近作业点。

9.3.3.3　液/气密封［**V2 9026**］

系统**应**提供泄露液体和气体的密封和处置功能。

阐释：供排气/液系统可能会释放出多余气体和液体。设计时应考虑这些可能性，确保收集、隔离和处理等操作安全有效。收集装置应该靠近最容易发生泄漏的部位（维修或服务点）。

9.4　耐受力

9.4.1　防护［**V2 9027**］

系统、硬件和设备**应**防护或者能够承受乘员有意和无意施加的力量。

阐释：当乘员集中注意从事其他活动时，如搬运、移动设备或维修其他系统时，在这些地方的物品可能会被乘组无意地损坏。设计师应识别乘员活动的区域，并确定暴露在其中的硬件和设备是否能够承受无意间施加的力。这样的硬件和设备可能不得不重新被安排位置、覆盖保护，例如使用防护板或仅仅设计成更加坚固的。"故意"损坏可能是乘员在保护和紧固（如插销、束缚装置、螺栓、螺钉等）时用力过大而造成的。硬件设计者应使用乘组的力量数据并假定乘员会使用最大的力量进行设计。

9.4.2　乘员与航天器设备的隔离［**V2 9028**］

应使用防护装备，如防护板，将居住空间内的设备与乘组隔离开来。

阐释：像防护板这样的防护装备具有以下功能：能提供符合本标准9.4.1节的外力防护；提供灭火保护和隔离并支持灭火操作；保护乘组远离火源和锐利边角，防止外部碎片飘入居住区；保护地面或飞行乘组操作设备；对面板后面产生的噪音提供噪声屏蔽；降低潜在势能；防止不固定物品的丢失。此外，防护装备需表面光滑、与邻近的乘组舱段结构程流线型，并符合乘员通道要求。

9.5　装配和拆卸

9.5.1　硬件和设备安装［**V2 9029**］

系统硬件和设备的设计**应**防止不正确的安装。

阐释：最理想的情况是相似的物品可以互换。防止错误安装最有效的方法是防误安装设计，如不对称的孔、针、钥匙等。防止误安装的设计应该具有足够的鲁棒性，能承受持续的误安装尝试。可提供标识（如颜色、标签）以提示乘组，避免尝试错误安装、节省操作时间。但是，这些标识并不是防止误安装和连接的唯一应对措施。

9.5.2　连接器的插脱

9.5.2.1　连接器间距［**V2 9030**］

连接器的间距**应**允许乘员穿着预期的服装进行插拔。

阐释：足够的通道和工作空间能够保证乘员有效的接近设备，允许完成正常的和计划外的任务。设备组装、重新配置、维修时需要插拔连接器。对于不同的任务，要求的操作空间不相同，特别是可能要求乘组穿着如航天服的防护服，因此应考虑这一点。

9.5.2.2　不用工具插拔连接器［**V2 9031**］

插拔连接器操作**应**不需要使用工具。

阐释：连接器的操作包括连接和断开。如果工具丢失或损坏就不能操作连接器，这将导致 LOC 或 LOM。

9.5.2.3　误插脱防护［**V2 9032**］

电缆、气液管线和电脐带连接器的设计**应**具有防止潜在误连接功能，以免连接错误、损坏设备。

阐释：最理想的情况是相似的物品可以互换。防止错误安装最有效的方法是防误安装设计，如不对称的孔、针、钥匙等。防止误安装的设计应该具有足够的鲁棒性，能承受持续错误安装尝试。应提供标识（如颜色、标签）以提示乘组，避免尝试错误安装、节省操作时间。但是，这些标识并不是防止误安装和连接的唯一防护措施。

9.5.2.4 插脱风险 [V2 9033]

插拔连接器时，系统应保证不使乘员和设备经受包括泄漏、电击、释放储存的能量等的风险。

阐释：乘员可能对维修维护工作不够熟悉，因此乘员会更集中精力于工作。本来可以正常识别和避免的风险可能会不经意的发生。设计要求和解决方案应该识别这些维修活动中的风险，并确定消除这些风险的措施，防止造成乘员伤害。

9.6 电缆管理

9.6.1 电缆管理 [V2 9034]

系统应对电缆、电线、管路的位置、保护、走线、固定方式进行管理，防止干扰乘员的操作和安全。

阐释：设计师应明确乘员的活动区域和固定电缆管路的路线，这样不仅可对它们提供保护，还可防止对乘员活动造成影响。同时，系统设计师还应关注非固定的电缆管路，它们会被拆卸或移动到一个具体工作场所或临时进行重新走线。当任务需要更改路线时，新的线路可能对其他不相关的活动造成干扰。设计师应识别电缆管线的潜在使用，确保电缆管线的起点和终点及走线方式能适应所有的乘员活动。

9.6.2 电缆识别 [V2 9035]

所有可维修的电缆、电线和管路应有唯一标识。

阐释：一些导线并不是插入到连接器就可以了，它们需要分别连接。导线连接到终端的正确位置至关重要。连接到不同端点的所有单根导线都应该被编号。端点通常是固定的，可以通过标签和图示识别。而导线也需要有附带的标识，通常采用不同颜色代码的绝缘材料或在导线贴上标签来实现标识。

9.7　维修性设计

9.7.1　一般要求

9.7.1.1　维修性设计 ［V2 9036］

系统**应**为乘员提供安全高效的、执行日常或临时的维修维护手段。

阐释：维护维修与任务目标没有直接关系，但减少维护维修时间能够保证乘员有更多时间致力于任务工作。同时，由于航天任务的复杂性和多种因素的相互依存（设备、补给、天气、太阳耀斑、政治考虑等），设计时应减少对外部维修的依赖。设计中还要考虑为乘员安全高效地实施维修活动提供所需的工具、配件、补给、训练和文件。

9.7.1.2　商购设备维修 ［V2 9037］

商购设备的维修**应**适合于飞行环境。

阐释：原设计用于陆地上的系统可经修改用于飞行任务。这种修改包括允许在飞行任务环境中安全高效地进行维修作业的程序和特性。可能需要考虑的主要变化有重力上的差别或乘员需戴手套。

9.7.1.3　飞行工具箱 ［V2 9038］

每个计划都**应**配置一套用于航天飞行系统维修和重新配置所需的工具。

阐释：工具箱的设计应考虑降低对乘员的要求，选择乘员可能熟悉的工具，减少不同工具的数量。同时，工具要保证乘员在穿着任何防护装备（如舱外服、防护眼镜、手套等）时所有身体尺寸和力量范围的乘员均可用。

9.7.2　维修效率

9.7.2.1　维修时间 ［V2 9039］

系统以及相关硬件和设备的计划内维修**应**能在规定的乘组计划内完成。

阐释：维护维修与任务目标并不直接相关，但减少维护维修时间能够保证乘员有更多时间致力于任务工作。同时，由于航天任务的复杂性和许多因素的相互依存（设备、补给、天气、太阳耀斑、政治考虑等），设计时应减少对外部维修的依赖，设计中还要考虑为乘员安全高效地实施维修活动提供所需的工具、配件、补给、训练和文件。

9.7.2.2 维修最少化

所有系统和设备的设计**应**尽量减少维修需求。

阐释：维护维修与任务目标并不直接相关，但减少维护维修时间能够保证乘员有更多时间致力于任务工作。同时，由于航天任务的复杂性和许多因素的相互依存（设备、补给、天气、太阳耀斑、政治考虑等），设计时应减少对外部维修的依赖，设计中还要考虑为乘员安全高效地实施维修活动提供所需的工具、配件、补给、训练和文件。

9.7.2.3 设备模块化 ［**V2 9041**］

如果可能，设备**应**为可更换的模块单元。

阐释：因为不需要对各个部件进行拆卸、更换和检查，模块化的单元可减少维修时间，同时也可减少训练时间。

9.7.2.4 系留紧固件 ［**V2 9042**］

乘组维修时使用的紧固件**应**是系留的。

阐释：正常使用时松动或维修操作时放错地方都可能引起紧固件丢失。由于飞行任务通常是在隔离的环境中，因此无法获得替换件。这对于失重环境尤其重要，因为紧固件这样的小物品非常难找到。

9.7.2.5 尽量减少紧固件数量——物品 ［**V2 9043**］

对于那些需要乘员维护维修的设备，在满足结构工艺需要的前提下**应**尽量减少紧固件数量。

阐释：设计者通过增加紧固件数量可以提高安全系数。但是，当乘员需要例行拆卸紧固件时，选择紧固件的数量时也需要考虑减少乘组维修活动的时间。

9.7.2.6　尽可能减少紧固件种类——系统 ［**V2 9044**］

系统**应**能使用满足结构工艺设计要求的通用紧固件进行维修。

阐释：不同的紧固件需要使用不同的工具和程序进行拆卸和更换。通用紧固件可以减少取出次数及对不同工具的需求，还能减少向乘员介绍紧固件类型所需的训练时间。

9.7.3　可达性

9.7.3.1　维修部件位置 ［**V2 9045**］

系统**应**将维修物品放置在合适位置，以避免维修时拆卸或关闭其他系统或部件。

阐释：决定零部件的位置有很多因素（物理空间、与其他部件的接口、制造的考虑等），可维修性很容易被忽视。因此，在设计早期设计者就应该识别需要维修的部件，这很重要。在确定零部件位置时，其可达性成为最优先考虑的因素。

9.7.3.2　检查点和维修点可达性 ［**V2 9046**］

系统、硬件和设备的检查点和维修点**应**直接可达。

阐释：系统设计应支持任务目标，通常不需要牺牲乘组时间去承担维修任务。拆卸部件后才能接触到维修点和检查点会增加维修时间。同样，复杂和耗时的维修工作会降低执行计划内任务的工作效率。

9.7.3.3　维修空间 ［**V2 9047**］

物理工作空间**应**能容纳下乘组以及进行维修所需的防护设备。

阐释：应以最坏的假设来确定和分析维修工作。应保障乘员在维修时使用工具和防护设备所需的最大空间。

9.7.3.4　维修可视性 ［**V2 9048**］

需要视觉反馈的维修工作**应**直接可视。

阐释：许多安全高效的维修任务需要工作时看得见。拥挤空间中，手和工具都可能妨碍视线。对于需要视觉的维修项目（例如排列和调整），设计者在设备设计与布局上应该满足其可视性。

9.7.3.5　维修时手的余隙 ［**V2 9049**］

维修时**应**为手操作提供余隙。

阐释：硬件开发者应为飞行中的维修任务提供手操作的余隙，以确保维修任务的进行。

9.7.3.6 工具余隙［V2 9050］

系统**应**为所有工具界面提供工具安装和启动所需的操作余隙。

阐释：硬件研发者应识别飞行中维修所需使用的工具，并预留使用余隙，以确保维修任务的进行。

9.7.4 故障通知

9.7.4.1 故障检测［V2 9051］

系统**应**提供快速主动的故障检测和故障物品的隔离。

阐释：故障检测是减少乘组用于维修活动时间的一种手段。恰当的故障检测与隔离辅助设计也能减少乘组的培训需求。术语、参考资料、图纸的使用应当与其他乘组任务需求相协调，以减少额外的训练。设计师应定义可能发生故障的系统，并编写帮助识别故障的产品特性。除了故障检测和隔离功能外，还应向乘组提供工具和相关资源用于维修系统故障。

9.7.4.2 故障通知［V2 9052］

当关键设备发生故障或在容许范围内不能工作时，系统**应**向乘组报警。

阐释：报警系统能够降低乘组的认知负荷：乘员不必根据症状来总结系统的故障。术语、参考资料和图纸的使用应与其他乘组任务需求相协调，以减少额外的培训。

9.8 防护和应急设备

9.8.1 防护设备
9.8.1.1 一般要求
9.8.1.1.1 防护设备［V2 9053］

应为乘员提供防护设备，以应对可预料的风险。

阐释：应通过分析定义预期的风险和适合的防护设备。防护设备可能包括手套、呼吸器、护目镜和压力服。防护设备要适合所有乘员身体尺寸，这需要防护装备具备尺寸调节功能或有多种尺码（需考虑同时使用设备的乘组人数）。由于可能在应急情况下使用服装，因此应将其放置在方便取出的位置，并且应便于调节和穿用。

9.8.1.1.2 防护装备的使用 [V2 9054]

防护装备应不得妨碍乘组的正常和应急操作能力，他们通常会在穿着防护装备情况下进行这些操作，包括乘组之间及与地面人员的通信。

阐释：应分析防护装备应用的条件和操作。该分析应定义任务需求和防护设备设计要求。任务性能要求可能包括可视性、活动范围、灵活度和通信能力等。

9.8.1.1.3 防护装备自动化 [V2 9055]

当乘员不能执行预定任务时，防护装备应能实现自动化。

阐释：启动防护装备或救援装置可能需要乘员的手动操作。如果这些工作要在应急或压力情况下完成（这时乘员心烦意乱或失去操作能力），那么其就应该可自动完成。一个自动启动保护系统的例子是自动降落伞释放装置。飞机里的应急定位转发器是一个自动启动的救援装置例子。

9.8.1.2 听力保护

9.8.1.2.1 听力保护的使用 [V2 9056]

系统应满足本标准 6.6.2 节中规定的 SPL 的限值，除非本标准专门指定，不需要采取听力保护。

阐释：通常是通过降低传入耳朵的声音水平来实现听力保护（被动防护）。通过听力保护可以使正常的长期运行不对听力造成损伤。但这会干扰乘员的沟通能力和听到声音信号的能力。一些特殊情况下（如发射和返回），噪声水平会短时间不可控制地升高。通信和语音信号设备要相应调整以满足这些环境的要求。要求中应具体说明这些阶段，以便使用听力防护，且装置的设计应该满足该时段乘员的任务需要。

9.8.1.2.2 听力防护装备 [**V2 9057**]

在任务的各个时期**应**根据应急情况或个人喜好，为乘员提供合适的个人听力防护装备。

阐释：乘员应该有随手可用的听力防护装备，用于对意外的高噪声进行防护。也应当有根据个人喜好设置的听力防护装备，用于阻断噪声，以便集中注意力或睡眠。

9.8.1.2.3 听力保护干扰 [**V2 9058**]

系统设计**应**确保听力防护装备不影响语音通信、系统监控和警报监测。

阐释：某些情况下可能会使乘员短时间暴露于高噪声水平中。通信和声音信号设备应可以调整以适应这些情况。要求中应该明确指出允许使用听力防护装备的时段，且装置的设计应该满足该时段乘员的任务需要。

9.8.2 消防系统

9.8.2.1 火灾探测、预警及灭火 [**V2 9059**]

在所有任务阶段、所有飞行器舱段都**应**配置由火灾检测、预警和灭火装置构成的消防系统，同时消防系统又不应带来额外的风险。

阐释：消防系统应基于预期的火灾性质，以及发生火灾时乘组可能的位置进行设计。在乘员不能扑灭预期火灾的地方（大火或起火区域没有乘组）应使用自动消防系统。便携式灭火器可有效保护其他系统。手操作的灭火器应放置在易取位置，并标识清晰。所有灭火系统应不得给乘组带来任何额外的风险。

9.8.2.2 消防系统健康和状态 [**V2 9060**]

应向乘组及其他任务系统提供有关消防系统健康和状态的数据。

阐释：设计要求应保证乘员可以确认消防系统的健康和状态。当消防系统发生故障或不可靠时，乘组应尽快意识到该问题。

9.8.2.3 消防系统故障报警 [**V2 9061**]

消防系统发生故障时**应**及时向乘组报警。

阐释：设计要求应保证消防系统发生故障时能及时通报乘组。

当消防系统不可靠时，乘组应能尽快意识到该问题。

9.8.2.4　消防系统激活　[V2 9062]

消防系统**应**可以手动激活和关闭。

阐释：自动灭火系统可能会发生故障，导致不能对火灾正确响应；或者可能在火灾已被控制后仍继续灭火。设计要求应保证灭火装置具备手动激活和关闭功能。

9.8.2.5　便携式灭火器　[V2 9063]

消防系统**应**包括手动操作的便携式灭火器。

阐释：小火灾可以被早期探测和控制（在自动系统能够检测到之前）。设计要求应确保为乘组提供便携式灭火能力，即使已提供了固定灭火系统。

9.8.3　应急设备可达性　[V2 9064]

应急设备**应**易取，并能在要求时间内完成应急响应。

阐释：设计要求应考虑所有需要使用应急设备的突发情况。应急设备相对于乘组的位置和接近性会影响应急设备的获取。设计要求定义完成应急活动的时间要求。此外，每个应急情况可能有不同的时间要求，因此对获取也有不同的约束条件。

10　乘组界面

　　本节涉及乘组界面，通过该界面，乘组与系统之间可以进行信息的静态和动态交流（主要是通过控制器和显示器）。一个设计得好的界面对于乘组的安全和工作效率是至关重要的，其也可以减少训练要求。视觉显示器通过视觉媒介传递信息，展示文本、图形、颜色、图象、视频和符号等。听觉显示器通过声音传递信息，包括通信和听觉警告等。标签是乘组界面中比较特殊的一种形式，通常为设备或设备组件提供静态识别或提供简短的静态信息。标签可以是文本，也可以是符号。通信系统是乘组界面中的另一种独特形式，包括人员之间和人员与系统之间的声音和视频信息的实时动态交流。

10.1　概述

10.1.1　可用性

10.1.1.1　可用性接受标准〔**V2 10001**〕

　　每个计划都**应**为乘组界面定义可用性接受标准。

　　阐释：可用的乘组界面可以让用户有效、高效并且满意地实现任务目标。高效、有效和满意是可用性的三个主要组成部分，因此每个项目都应定义这三个方面的接受标准。乘组界面的有效性可以使用户准确并且完整地完成具体操作任务。乘组界面的高效性可以使用户使用适当的资源，例如时间和工作负荷，以指定的使用方式能获得所需的有效性。如果用户愿意使用乘组界面，并对界面有积极的主观响应和态度，那么用户对乘组界面是满意的。

10.1.1.2　乘组界面规定〔**V2 10002**〕

　　系统提供的乘组界面，**应**能使乘组有效地执行任务，例如在规定的时间内、在可以接受的失误范围内。

　　阐释：为了达到理想的安全性和工作效率，乘组界面应以最小的失误有效地支持乘组的操作。失误应按照可用性测试（结构化的评估涉及有代表性的高保真任务的工作效率，测试过程中搜集可用性数据，例如完成时间、失误和口头程序评论等）进行定义。可用性失误包括错过的或者不正确的输入或选择、导航错误、失去 SA、不能完成任务。可用性失误率是一个计算出的百分数，通过操作失误的步骤数量除以操作步骤的总数量来计算。最小影响失误定义为没有造成飞行器状态改变的失误。

10.1.1.3　可用性好的界面要求［**V2 10003**］

系统应为航天员提供高效的乘组界面，例如训练时间减少、完成任务的时间缩短、减少操作失误、缓解航天员的挫折心理。

阐释：高效性由完成任务的时间、发生失误的数量和培训需求来确定。不得通过提高训练要求或工作压力来使效率最大化。不能使效率最大化的乘组界面会给乘组带来压力。

10.1.2　操作质量

操作质量定义为［飞行器的动态控制］质量或特性，它决定了［使用者］完成指定任务的难易和精准程度（Cooper and Harper，1969）。库柏-哈柏评价量表是评价操作质量的标准方法。

10.1.2.1　可控制性和机动性［**V2 10004**］

系统应具备可控制性和机动性，以满足系统性能要求。

阐释：该要求的目的是为了确保乘组在正常、应急及多故障情况下需要手动操作时，能够控制航天器或者任何航天器系统。系统性能要求的例子包括着陆时间（与精度）和对接时间（与精度）。库柏-哈柏评价量表是一种可控制性的测量方法，使用的前提是要有标准的训练基线（见本标准附录 A）。

10.1.3　标准化

10.1.3.1　乘组界面的标准化［**V2 10005**］

乘组界面**应**在整个系统内实现标准化。

阐释：该项要求的目的是为了确保在整个系统中尽量实现通用性和一致性。这便于乘员学习，并使得由界面引起的操作失误最小化。标准的/通用的界面容易学习和使用，因为每个新的界面并不需要重新学习。使用低层级的设计标准和指南来规定"看"（视觉特性）和"感觉"（交互或操作风格）有助于确保标准化。

10.1.3.2　操作术语标准化 [V2 10006]

在整个系统内，操作术语应标准化。

阐释：所有航天飞行操作人员，包括地面人员和乘组，必需使用通用术语进行通信交流，这些术语没有歧义地、唯一地定义了乘组操作的各个方面。这项要求包括但不局限于定义操作、乘组使用的方法、设备、使用的软硬件及其相关数据等。术语在所有操作产品中也应当通用，包括指令、程序、显示、计划产品、参考信息、系统手册、系统简介、任务规则、图表和有效载荷操作产品等。

10.1.3.3　显示标准和图符库 [V2 10007]

每个计划都应建立显示标准和图符库。

阐释：项目层面的标记计划应该清楚地规定符号标记的特征参数，例如字体、大小、风格、颜色等，并且包括许多实例图片。因为计划加强了标准，之后的显示标准文件将提高可用性和安全性。由于该计划简化了符号标记的验证工作，因此其也会节省成本。

10.1.3.4　测量单位 [V2 10008]

测量单位在相似产品中应是一致的。

阐释：该项要求的目的是保证系统中同一类型的测量采用一种测量单位。这将减少乘组的训练，并减少乘组和地面人员可能出现的换算错误，这些错误会影响乘组和航天器的安全。

10.1.3.5　乘组界面操作标准化 [V2 10009]

在所有航天器内，乘组界面的操作方法应进行标准化。

阐释：本项要求的目的是确保乘组界面操作在整个航天器范围内具有通用性和一致性。这将有利于学习掌握，减少界面引起的乘组失误。例如，如果一个航天器内拨钮开关向上表示开，向下表示关，那么所有航天器的操作设计都应该如此，这样就会减少乘组潜在的失误，也会降低训练需求。

10.1.3.6　显示和控制的一致性 [V2 10010]

在所有航天器内，乘组界面**应**使用一致的显示和控制布局。

阐释：本项要求的目的是确保在所有航天器内乘组界面尽可能实现显示和控制的一致性。布局一致可以使乘组界面易于学习和使用，因为其可使在同一航天器内或不同航天器中遇到新的显示和控制界面时，不必再去重新学习。

10.1.3.7　显示和控制的通用性 [V2 10011]

具有相似功能的显示和控制界面**应**具有通用性。

阐释：本项要求的目的是确保整个系统内显示和控制尽可能具有通用性。通过为相似的控制界面规定标准的"看"（视觉特征）和"感觉"（交互或者操作风格），可实现标准化。通用的显示和控制界面容易学习和使用，因为不需要重新学习每个显示和控制界面。

10.1.3.8　程序的一致性 [V2 10012]

执行相似任务的程序**应**是一致的。

阐释：本项要求的目的是确保整个系统内程序尽量具有一致性。通过为相似的程序规定标准的"看"（视觉特征）和"感觉"（交互或者操作风格），可实现标准化。相似程序的设计应该在结构、格式、步骤顺序和其他特征方面具有一致性。具有一致性的程序易于学习和使用，因为当遇到新的程序时不需要重新学习。该项要求不仅适用于任务活动，也适用于程序文件，例如培训材料和说明书等。

10.1.4　区分

10.1.4.1　显示和控制区分 [V2 10013]

带来不同后果的显示和控制动作**应**具有显著区别，以避免意想不到的结果发生。

阐释：具有不同后果的显示和控制动作应该不易混淆，否则就会产生错误。显示和控制动作应具有显著区别，具有不同的视觉和操作特征，这很重要。

10.1.4.2　语法区别 [V2 10014]

产生不同后果的两条输入的指令，其语法特征**应**具有显著区别，以避免发出意想不到的指令。

阐释：产生不同结果的指令，其语法应容易区分。例如，结束一个程序任务指令或者导航到数据集结尾的指令应当不同，例如"推出（Quit）"和"到结尾（Go to End）"。如果两者都使用"结束（End）"命令，那么人在使用数据库时就会产生混淆。

10.1.5 提示、提醒和其他辅助手段的使用

10.1.5.1 提示的使用 [**V2 10015**]

乘组界面**应**使用提醒功能，以减少航天员对指令的记忆要求，允许航天员在规定的绩效参数内完成相应的任务。

阐释：设计要求应确保使用适当的视觉、听觉或者触觉提示，提供信息和选项，提醒乘组预期的事件和行动。这样的提示可以帮助加速理解，提高工作效率，减少错误的发生。视觉、听觉或者触觉提示可以被设计用于沟通意义、事件、条件或者组员资格。提醒提示的实例有弹出式视觉警告或者听觉警告。选项提示实例有菜单或其他应用项目的列表。

10.1.5.2 提示的显著性 [**V2 10016**]

在使用提示时，提示的显著性**应**与所传递信息的重要性一致。

阐释：当传递的信息重要时，其视觉、听觉或者触觉提示也应该是高度明显的；当传递的信息不重要时，其显著性可低些。最重要或关键的警告应该是高显著的，不重要的警告是不显著的。这样做使得发生异常事件时乘组的反应将是适当的。

10.1.6 系统交互

10.1.6.1 系统健康和状态 [**V2 10017**]

系统**应**为乘组提供系统的健康和状态信息、信息或者通过自动方式提供，或者根据要求提供。

阐释：系统的关键参数和异常的系统趋势数据应能为乘组看到。系统的健康和状态信息对航天员来说是重要的，其有助于航天员保持情景位置，航天员也需要这些信息进行决策或者排除故障。

10.1.6.2　系统消息［**V2 10018**］

系统消息**应**具体且信息量充分。

阐释：系统消息应该清楚、易懂，能够提供关于相关问题的所有需要的信息。消息不具体或者信息量不足，可能会引发错误。例如，当进行某项科学试验时，在试验过程中，航天员需要在某个具体的时间点进行某些行动，因此需要按秒显示试验实际进行的时间信息而不是提供简单的开关指示。科学操作的任务分析结果决定了信息的详细程度。

10.1.6.3　显示更新［**V2 10019**］

对于乘组指令的状态变化，**应**在 1.0 秒以内显示数据的更新。

阐释：当航天器的状态发生改变时，这些改变应该在 1.0 秒以内显示在显示器上。状态改变是指航天器的子系统或者组件的配置状态或者功能状态发生了改变。状态改变可能是硬件，也可能是软件。信息显示的过多延迟将降低乘员工作效率，增加乘员压力。

10.1.6.4　缺失的数据显示［**V2 10020**］

鉴于数据丢失或不可使用等原因，当系统不能完整地显示数据参数时，系统**应**在规定的时间范围内为航天员提供相应的反馈，具体时间要求参见表 17。

阐释：在排除故障或者进行决策期间，乘组准确权衡数据时，对不能使用的数据即丢失或者陈旧的数据进行反馈且非常重要的。

表 17　最大系统响应时间

系统响应类型	系统响应时间/s
离散的输入指示,例如通过键盘输入	0.1
对航天员请求的信息显示	1.0
乘组选择的局部更新,例如菜单选择	0.5
改变状态的乘组指令更新数据显示	1.0
乘组指令正在执行中、已执行、未执行的反馈	2.0

10.1.6.5　控制反馈 ［**V2 10021**］

对于航天员启动的控制操作，系统**应**提供肯定的指示。

阐释：控制操作的肯定提示用于说明系统对控制操作的系统响应。例如，机械制动、能够听见的喀嚓声、一个光亮或者一个开关位置都可以用来作为控制操作的肯定提示。

10.1.6.6　系统反馈 ［**V2 10022**］

系统**应**按照表 17 给出的系统响应时间要求为乘组提供反馈。

阐释：太长的系统响应时间会影响系统交互，经常会导致乘员额外的重复输入、失误和挫折感。减少系统响应时间的变化也是很重要的。

10.1.7　电子程序

10.1.7.1　当前的程序步骤 ［**V2 10023**］

系统**应**为乘组提示当前执行的程序的具体步骤。

阐释：应该以一定的方式高亮显示当前程序行，避免航天员错过某些操作步骤，以至于造成失误或者浪费时间。此外，如果航天员分心或者被分配别的支持任务，且需要回到最后完成的程序步骤时，系统应该提供相应的装置或者标记点，使航天员能够回到被中断的当前程序中。

10.1.7.2　完成的程序步骤 ［**V2 10024**］

系统**应**向乘组提示电子显示的程序中已经完成的步骤。

阐释：在程序中通过高亮显示已经完成了的程序步骤，可以防止航天员重新执行某些步骤。因此，已经完成了的程序步骤需要通过一定的方式进行高亮显示，以免航天员发生失误和浪费时间。

10.1.7.3　程序步骤的浏览 ［**V2 10025**］

系统**应**向乘组提供用于浏览电子显示的程序中先前的步骤和将要进行的步骤的方法。

阐释：乘组应能够回看已完成的程序步骤，也能够预先浏览将要进行的程序步骤。

10.1.7.4 程序的弹性 [V2 10026]

系统应为乘组提供用于实时插入、删除和重新编排电子步骤的方法。

阐释：在飞行任务过程中，乘组可能需要进行程序的实时修改。此外，如果程序的顺序在整个任务期间保持一定的灵活性，那么将更加有效完成任务。对于无人登月活动，预先设置的月球表面信息（地图分辨率、月壤上的运动仿真）、计划和活动安排可能会在实时过程中发生改变。非常有必要实时重新调整月球表面活动安排，因此需要重新安排和评估相应的电子程序。

10.1.8 错误预防和恢复

10.1.8.1 无意操作的预防 [V2 10027]

控制系统的设计应能够防止无意的操作。

阐释：该项设计要求可防止无意的操作，例如由于碰撞引起的意外启动，其可以通过加装防护装置、盖子或者与其他控制器的物理隔离实现。使用计算机显示的系统指令的误操作可以采取"开火"的机制来避免。该项要求不能防止航天员在开始时选择了错误控制器的操作。

10.1.8.2 无意操作的恢复 [V2 10028]

所设计的控制系统应能够使系统从无意操作或意外改变系统状态中恢复过来。

阐释：该项要求需要采用"撤消"控制输入的设计机制。如果出现意外输入或错误输入，该项设计要求将确保乘组能够以对系统最小的影响将系统恢复过来。

10.2 显示器和控制器布局

10.2.1 位置

10.2.1.1 显示器和控制器的可见性和可达性 [V2 10029]

显示器和控制器应是可见的，并且在乘组的可达功能范围内。

阐释：在飞行器的所有情况下，如重力负荷、振动等，以及在乘组的所有情况下，如着航天服、坐姿、束缚状态和非束缚状态等，控制器都应该位于操作者的可达范围之内。这里的控制器包括诸如触摸屏类型的显示设备。

10.2.1.2　显示器和控制器位置和设计 ［V2 10030］

显示器和控制器的位置和设计**应**确保乘组在正常操作情况下以要求的精度进行操作和使用。

阐释：在设计过程中，尽管所有控制器都要求在航天员的功能可达范围内，但也时常需要权衡关键控制器的位置。这项要求的目的是促使布局设计能优化座舱内的操作，使显示器可见，控制器在预期的姿势下能够被使用。

10.2.1.3　高优先级别的显示器和控制器 ［V2 10031］

应急的、关键的、重要的和最经常使用的显示器和控制器**应**在乘组的观看和操作区域具有优先的位置。

阐释：在设计过程中，尽管所有控制器都要求在航天员的功能可达范围内，但也时常需要权衡关键控制器的位置。最重要的、关键的显示器和控制器应该位于最显著的、也是最可达的位置。这有助于确保航天员快速处理和响应重要的显示和控制。

10.2.2　显示器和控制器分组 ［V2 10032］

显示器和控制器**应**按照目的和功能进行分组。

阐释：这项要求的目的是促使布局设计能优化舱内操作。这项要求有助于确保显示器和控制器一起使用时更易操作。

10.2.3　显示器和控制器的关系

10.2.3.1　显示器和控制器的关系 ［V2 10033］

所有的显示器和控制的关系器都**应**有逻辑性并逻辑很清楚。

阐释：显示器和控制器的关系必须明确，这种关系可以用相对位置关系表示、或者用颜色编码、标记等方式表示。这项要求的目的是促使布局设计优化舱内操作。这项要求有助于确保乘组能够容易地理解显示器和控制器之间的关系，而不需要其他额外的解释或说明。

10.2.3.2　显示器和控制器的运动相容性 [V2 10034]

显示器**应**设计成与控制器的运动相一致，例如，向右的控制运动应当与顺时针滚动或向右转动或直接向右运动相符合。

阐释：控制器的运动应与显示器中的运动有直观的对应。这项要求有助于确保航天员更容易理解控制器和显示器之间的关系。

10.2.3.3　显示器和控制器的使用顺序 [V2 10035]

所有的显示器和控制器**应**按照使用顺序进行布局。

阐释：相关控制器放置在一起的好的设计可进一步提高快速、无差错的操作以及对系统状态的快速理解。所有的显示器和控制器应该按照使用顺序进行布局。

10.3　显示器

10.3.1　显示器设计

10.3.1.1　显示器识别特征 [V2 10036]

显示器**应**具有相应的识别特征，例如位置、大小、形状和颜色，以方便乘组正确地导航、定位并及时识别显示。

阐释：显示器的特征应该易于乘员对显示的识别，防止混淆和失去情景意识。

10.3.1.2　显示区域 [V2 10037]

系统**应**提供显示区域，在乘组的关注区域展示所有的任务关键信息。

阐释：为了确保关键任务能够快速、容易和准确地得到执行，尤其是在关键任务阶段，应避免在多个显示页面之间滚动或者切换，以避免航天员为了观察多个显示器而需要移动身体或者头部。

10.3.2　显示内容

10.3.2.1　显示说明 [V2 10038]

显示**应**能在规定的时间内准确地被理解，以满足任务需求。

阐释：为了提高用户的准确度，显示器应该以适当的方式提供操作所需要的信息，其应该与操作环境和将要做的决策相一致。

10.3.2.2　显示可读性［V2 10039］

显示器**应**能被乘组从乘组的操作位置和方向阅读。

阐释：显示器的设计应该与可能的观看角度、到乘组距离以及使用时的预期环境条件（例如，高加速度和/或振动）适合。这将确保乘组从所有的操作位置和方位都能够准确、完整地读到显示器显示的信息。

10.3.2.3　显示信息［V2 10040］

显示的信息**应**是相关的、充分的，但不能是过度的，可使乘组能做出决策和完成预期的操作。

阐释：显示器应包含完成手头任务所需要的信息。太少或太多的信息会降低效率或者使任务失败。例如，在执行机器臂操作时，提示乘员刚收到私人邮件就是多余的。当提供的 100 行的数据里面只有 2 行数据是相关且足以完成任务的目标的情况也是如此。

10.3.2.4　显示信息的相关性［V2 10041］

显示的信息**应**与当前任务相关。

阐释：乘组应能获取完成任务所需的所有且充分的信息。如果有对当前任务不重要的显示信息，将会引起混乱从而降低任务完成的速度。

10.3.2.5　显示信息流［V2 10042］

显示信息**应**被分组、排列和定位，以支持任务流。

阐释：显示信息应该根据使用的频率、顺序和对任务流的重要程度进行分组、排列和定位。这有助于确保及时完成任务。

10.3.2.6　显示导航［V2 10043］

显示导航**应**使乘员及时在显示器内和不同显示器间移动，同时不失去情景意识。

阐释：导航中多余的步骤会增加任务的时间、减少乘员的情景意识。一般来说，为了使导航更透明，建议使用浅的导航结构而不是深的导航结构。

10.3.2.7　显示术语 [**V2 10044**]

每个项目或过程的术语**应**能够自我说明，并能指导乘员该项目的功能和用法。

阐释：项目和过程的名称应易于理解和记忆。这会减少识别和理解名称所花费的时间。同时，也会减少理解项目术语所需的训练。

10.3.2.8　显示编码冗余 [**V2 10045**]

对于关键的信息和任务，当用颜色来表达特定的含义时，系统**应**提供额外的提示线索。

阐释：使用冗余编码是为了适应人在不同照明环境下看颜色能力的变化，以及增加识别的标记显著性。冗余的提示线索包括标签、图标和语音信息。

10.3.2.9　测量单位 [**V2 10046**]

测量单位**应**与相应的数值一起显示。

阐释：测量单位应能识别出正确的大小和量级。这确保了在进行比较或以其他方式使用这些单位时，乘员能作出正确的决策。

10.3.3　视觉显示设备

10.3.3.1　视觉显示器的易读性 [**V2 10047**]

在任务执行过程中预期的观察条件下，显示器**应**是易读的。

阐释：易读性包括文本以及有含义的图形，例如符号、图标和地图，这对于及时正确地处理信息很重要。易读性取决于显示器的属性，例如分辨率和对比度；文本属性，例如字体对比度、颜色和大小，背景颜色和纹理；以及乘员的视觉能力和环境照明。此外，可能的视觉角度、乘组和显示器的距离、使用面窗以及使用过程中的预期环境条件（例如高加速度和/或振动）都需要进行考虑。

10.3.3.2　视觉显示参数 [**V2 10048**]

显示器**应该**满足表 18 中的要求。

阐释：显示信息的易读性对于及时正确地处理信息很重要。为了确保易读性和视觉质量，显示器应具有足够的空间和瞬时清晰度、亮度、亮度对比度、色域，以符合周围的环境照明、眩光、反射、振动以及显示器相对于乘组的距离、位置和方向。

表 18　视觉显示器参数

公制	最小	最大	背景	备注
峰值白光亮度	25 cd/m²	—	射线显示器	≥100 cd/m²　推荐值
环境对比度	10	—		包括环境照明
全色区	0.17	—	彩色显示器	CIE 1976 u'v'色度空间的一部分
观察角度	$-45°$	$+45°$		四点观察角度(上下左右)、对比度和满足全色标准
空间分辨率	32 pixels/(°)	—	图像和视频显示器	
祯率	60 Hz	—	视频显示器	
运动边缘模糊	—	15 ms		使用公制的 GET(推荐)或者 BET；使用 5 个光亮度水平的平均值,包括白和黑
颜色数量	2^{24}(1 627 716)	—	图像和视频显示器	
颜色数量	2^{12}(4 096)	—	文本和图形显示器	
灰度级数量	2^{8}(256)	—	黑白图像和视频显示器	

注：除非另有说明，公制的定义见国际显示度量委员会（ICDM）、显示测量标准（DMS 1.0）或视频电子标准学会（VESA）的平板显示测量（FPDM 2.0）。关于公制的进一步详细信息见 HIDH 第 10 章（乘组界面）。

10.3.3.3　视觉显示器的字符参数 ［V2 10049］

显示器**应满足**表 19 中对视觉显示字符的要求。

阐释：字符（文本）元素是显示信息重要的组成，字符的易读性对于及时正确地处理信息很重要。为了确保文本的易读性，字符应有充足的亮度对比度和大小，符合周围的环境照明、眩光、反射、振动以及显示器相对于乘员的距离、位置和方向。字高角度是指一个字体大写字母的高度相对于人眼的夹角。

表 19　视觉显示器字符参数

公制	最小	备注
字符对比度	0.2	包括环境照明度
字符高度	$0.25°$	推荐≥$0.4°$($0.25°$为 32 in 时的 10 点字)

10.3.3.4　显示字体 ［V2 10050］

应选择字体的大小和类型，以确保视觉显示器的获取、易读性和可懂性。

阐释：文本字体和大小的选择对于易辨性具有重要影响，对于准确快速地处理信息十分重要。在某些条件下，采用最小字符高度是可以接受的。但是通常要求的字符高度取决于具体任务。例如，最小字符大小对于仅需偶尔详细阅读的场合是可以接受的。但舒适的阅读则需要采用较大的字符。对关键显示的快速理解也需较大的字符。所有字体大小的选择都取决于乘组的视觉能力，包括视觉灵敏度和容纳能力。此外，可能的观察角度、乘组与显示器的距离以及预期的使用环境条件（例如加速度和振动等）都需要被考虑。

10.3.4　音频设备

10.3.4.1　一般音频设备

10.3.4.1.1　语音可懂度 ［V2 10051］

系统设计**应**提供充分的语音可懂度以保障音频信息的可用性。

阐释：音频信息应能被乘组听到并理解。

10.3.4.1.2　电子存储语音信息的可懂度 ［V2 10052］

来自音频设备的电子存储语音信息**应**具有 100％的可懂度，并能完全区分音频设备系统编程生成的各种不同信息（在真实的背景噪声条件下，在音频设备使用位置测得的结果）。

阐释：部分音频信息和报警使用电子存储的语音传达信息。错误的理解这些信息可导致浪费时间，也可能因错过或误判报警信号最终导致严重的安全问题。

10.3.4.1.3　声压级 [**V2 10053**]

系统设计**应**提供足够高的声压级，其既高于背景噪声又符合声学限值要求，以保证音频信息的可用性。

阐释：音频信息应能被乘组听到并理解。这有助于确保乘组根据要求采取适当的响应。

10.3.4.1.4　语音失真水平 [**V2 10054**]

系统设计**应**提供最小失真的音频信号和合适的频率范围，以保证音频信息的可用性。

阐释：音频信号应能被乘组听到并理解。这有助于确保乘组根据要求采取适当的响应。

10.3.4.1.5　报警的可辨识和一致性 [**V2 10055**]

系统设计**应**提供可辨识和一致性的报警，以保证音频信息的可用性。

阐释：应使用不同类型的报警（有足够的区别，容易分辨）。为了避免混淆，报警系统应使用不同的信号，以确保乘组做出适当的响应。

10.3.4.2　语音特征

10.3.4.2.1　音频信息的音量水平 [**V2 10056**]

报警系统产生的报警音的声压级**应**至少达到如下三个要求中的一个：

· 测量 A 计权声压级 [ISO 7731：2003（E），《工效学——公共场所和工作场所的危险报警信号——音频报警信号》，5.2.2.1 节方法 a)]，报警信号和环境噪声的 A 计权声压级之差大于 15 dBA（LS，A～LN，A > 15dBA）。

· 测量倍频带声压级 [ISO 7731：2003（E），5.2.3.1 节方法 b)]，在 250～4 000 Hz 范围内，报警信号在一个倍频带或多个倍频带的声压级应至少大于有效掩蔽阈值 10 dB（LSi，oct～Lti，oct > 10 dB）。

·测量 1/3 倍频带声压级〔ISO 7731：2003（E），5.2.3.2 节方法 c)〕，在 250～4 000 Hz范围内，报警信号在一个 1/3 倍频带或多个 1/3 倍频带的声压级应至少大于有效掩蔽阈值 13 dB（LSi，1/3oct～LTi，1/3oct ＞ 13 dB）。

阐释：为引起乘组的注意，报警应比背景噪声响亮。掩蔽阈值是指一个声信号在掩蔽信号存在的情况下能被听到的声压级。无论背景噪声多大，音频播报声压级都高于掩蔽阈值 13 dB，这可确保乘组能听到报警信号。

10.3.4.2.2　回响时间〔**V2 10057**〕

在 500 Hz、1 kHz 和 2 kHz 倍频带内，系统**应**提供小于 0.6 s 的回响时间应。

阐释：0.6 s 的回响时间要求使得理想信噪比大于 30 dB 时的语言可懂度下降不超过 10%，信噪比为 3 dB 时的语言可懂度下降不超过 15%（Harris，1997）。

10.3.4.2.3　频率〔**V2 10058**〕

音频报警的频率成分**应**与人的最大敏感频率范围一致（200 Hz ～ 4 kHz）。

阐释：音频报警使用的频率范围应当适于人的听觉。如使用的音频高于或低于人的听力频率范围，乘组将无法听到这些音频信息。

10.3.4.2.4　睡眠乘员的音频报警〔**V2 10059**〕

如果报警信号是为了唤醒睡眠中的乘员，那么在睡眠舱门关闭的情况下，在睡眠乘组的头部位置，**应**将本标准 10.3.4.2.1 节〔V2 10056〕要求的信噪比增加 5 dB。

阐释：尽管没有结论性数据，但是增加 5 dB 可更好地确保唤醒睡眠中的乘员，以确保对危险报警做出相应反应。

10.3.5　标记

10.3.5.1　标记规定〔**V2 10060**〕

必要时，**应**为航天员提供标记，以方便航天员识别项目、理解和遵循正常和应急程序，避免发生危险。

阐释：航天员界面项目应该具有相应的识别标记，以辅助乘组训练和无差错操作。标记减轻了记忆负担，提高了任务的准确性。这也包括应急设备和程序的识别。

10.3.5.2 标记标准化 [**V2 10061**]

在整个系统中标记**应**具有一致性，并且被标准化。

阐释：标记的标准化有助于减少学习和认知时间，这在应急情况下特别重要。特殊的标记总是用于相同类型的项目中，其相似性通过使用相似的标记术语得到体现。

10.3.5.3 标记显示标准 [**V2 10062**]

除了字符高度（参见本标准的 10.3.5.7 节）以外，标记**应**满足视觉显示的相关要求（参见本标准的 10.3.3 节）。

阐释：适用于视觉显示器的要求也适用于标记的各个方面，例如字体大小、颜色、对比度和易读性等。通过满足这些要求，乘组在整个系统中的工作效率将得到加强。

10.3.5.4 标记位置 [**V2 10063**]

标记**应**位于所标记项目上或附近。

阐释：标记与所标记项目相隔较远可能引起航天员错误理解其间的关系，以至于错误识别项目。这将降低航天员的工作能力，并可能导致失误发生。

10.3.5.5 标记类型 [**V2 10064**]

标记**应**按照类别进行划分，例如，安全标记、程序标记和标识，每种类型都应该被标准化，并具有显著的视觉特征。

阐释：标记应归入某个特定类型，并被看成是该类别的一部分。为相似类型的标记提供相似的特征有助于标记的识别和理解。

10.3.5.6 标记区分 [**V2 10065**]

标记**应**易于识别以及与其他标记区分。

阐释：作为单独的标记，每个标记都应该具有显著的区别特征。可独立区分的标记能降低失误概率、避免混淆、节省乘组时间。

10.3.5.7　标记字体高度［**V2 10066**］

标记字体高度**应**大于或等于 0.4°。

阐释：以角度表示的字体高度是指大写字符的高度对于航天员眼睛的张角。标记应该采用足够大的字符以确保其易读性。乘组难以看到字体较小的标记，因此可能增加项目的识别时间。所给定的字体高度要求是最小值。考虑到周围环境照明、眩光、光反射、振动、观察位置、标记相对航天员的位置及朝向等因素，所采用的字体可能要更大一些，以方便阅读。

10.4　控制器

10.4.1　控制器形状［**V2 10067**］

控制器的形状**不应**妨碍航天员操作的轻松性。

阐释：控制器所选用的形状应该有助于航天员操作使用，而不是使航天员操作更加困难。该项要求可确保控制器容易操作，不会导致航天员操作疲劳和耽误时间。

10.4.2　识别

10.4.2.1　控制器识别［**V2 10068**］

在航天员观察视线范围之外操作的控制器**应**在空间布局和触觉感知方面相互区别。

阐释：乘组不小心操作了错误的控制器可能导致严重后果。需在航天员观察视线范围之外操作的控制器，其空间布局或者形状/纹理等应设计成在不被看到的情况下、乘组戴加压航天服手套时也能够将其区分开来。这些控制器包括航天器操作控制器以及其他控制器，例如座椅位置调整杆等。已经证明，人操作者可使用简单的触觉编码可靠地区分不同的物品。

10.4.2.2　应急控制器编码［**V2 10069**］

系统**应**提供应急控制器的编码，该编码区别于非应急控制器。

阐释：乘组不小心操作了错误的控制器可能导致严重后果。需在航天员观察视线范围之外操作的控制器，其空间布局或者形状/纹理等应设计成在不被看到的情况下、乘组戴加压航天服手套时也能够区分开来。这些控制器包括航天器操作控制器以及其他控制器，例如座椅位置调整杆等。已经证明，人操作者可使用简单的触觉编码可靠地区分不同的物品。

10.4.3　可达性

10.4.3.1　控制器大小和空间间隔 ［**V2　10070**］

应优化控制器大小和空间间隔，以适合于预期执行操作的人体部位，例如手指、手、脚以及预期服装。

阐释：控制器大小应该与其预期使用的方式相适应。用手指操作的控制器应该比用手操作的控制器小，以确保操作的最优化。控制器的大小不合适可能导致操作控制时发生错误。

10.4.3.2　控制器排列和位置 ［**V2　10071**］

在整个系统中，功能相似或者相同的控制器的排列和位置**应**具有一致性。

阐释：功能相似的控制器应具有相似的特点，特别是位置和排列，以方便航天员识别。这有助于减少不必要的控制器寻找和操作时间。

10.4.3.3　控制器的靠近性 ［**V2　10072**］

由束缚或者非束缚航天员使用的控制器**应**位于航天员的功能可达范围之内。

阐释：要求在任务过程任何时间点使用的控制器应该随时能够被找到，并且在航天员的可达范围之内，以保证航天员顺利地进行操作控制。控制器不方便寻找或者可达性不好将增加航天员执行任务的操作时间。

10.4.3.4　加速度条件下的控制器操作 ［**V2　10073**］

系统**应**为航天员提供身体或者肢体的支撑或者束缚，以确保航天员在预期的微重力、加速度和振动条件下，准确操作使用的界面，避免意外的控制输入。

　　阐释：在预期的微重力、加速度和振动条件下，航天员的肢体移动精度会大打折扣，因此在这些条件下的控制操作应该只局限于手或者腕部运动。此外，控制器的意外启动可能导致错误，并降低安全性。

10.4.4　操作特征

10.4.4.1　控制器操作特征 ［**V2 10074**］

　　控制器**应**具有操作特征，例如，控制器类型、操作力量大小、响应速度、响应延迟、触觉反馈等，使乘组按照要求的准确度、精度和速度水平操作控制器。

　　阐释：控制器应该具有能无差错地进行操作的适当特征。控制器应该通过测试，使其速度、对行动的响应以及其他特点最优化，以适于预期的操作条件。

10.4.4.2　控制器输入-响应的兼容性 ［**V2 10075**］

　　控制器的设计**应**使输入与最终系统响应具有兼容性。

　　阐释：输入方向与系统响应之间的关系应该具有直觉性和容易感知的特点。该项要求确保当使用控制器时系统的响应易于联系，并且符合乘组的预期。如果系统响应与输入方向不相容，将会引起操作者的混乱。

10.4.4.3　控制器的反应时间 ［**V2 10076**］

　　系统提供的控制器**应**确保控制操作完成与系统状态发生相应改变的时间延迟不会影响到乘组。

　　阐释：随控制器操作的系统状态改变应容易与控制操作及时联系起来。如果两者之间的发生存在时间延迟，就很难判断对控制器的操作是否产生了预期的结果。

10.4.4.4　控制器阻力 ［**V2 10077**］

　　控制器的阻力**应**足以防止意外的飘动或者位置改变。

　　阐释：控制器应不能被无意行为意外地启动。这能减少错误的次数，并且增加安全性。

10.4.4.5 制动控制器［**V2 10078**］

当需要不连续的控制运动步骤时，系统**应**供提制动控制器。

阐释：为乘员提供控制反馈的机械装置应基于施加于控制器的总移动量。一般来说，可通过声音和触觉提供反馈。

10.4.4.6 停止控制器［**V2 10079**］

如果不期望控制器移动到控制结束位置之外或者超过指定的运动范围，那么在控制器运动范围的开始和结束位置**应**提供停止控制器。

阐释：控制器操作的范围对于乘组来说应当是明显的，可通过在控制器机构中提供易于感知的停止控制来实现这一点。如果不设置停止控制器将增加航天员的操作时间，因为操作者可能在到达功能终点时仍继续旋转拨盘。

10.4.5 确认

10.4.5.1 指令确认［**V2 10080**］

在完成关键、危险和破坏性的指令之后，**应**要求乘组进行确认。

阐释：应防止意外发出关键指令，可通过要求乘组进行确认实现这一点，这样可以减少错误发生的机会。

10.4.6 控制器在着服状态下的使用

10.4.6.1 控制器在着服状态下的操作［**V2 10081**］

在航天员着服状态下使用的控制器**应**能由穿航天服的乘员进行操作。

阐释：在航天员着服状态下使用的控制器应该具备航天员着服操作的特征，例如这些控制器应该进行调整以增加航天员戴航天服手套时的触觉反馈，以确保着服情况下控制器的操作速度和操作精度与不着服时的工效相当。

10.4.6.2 着服状态控制器空间［**V2 10082**］

着服状态使用的控制器**应**具有足够大的空间，以确保乘员在操作时不会意外触碰临近的其他控制器。

阐释：控制器的布局应考虑这样一个事实：在预期条件下，例如 g 负荷、振动、加速度等，着加压航天服的航天员不可能达到着轻便服装航天员操作控制器时的操作精度和灵活性。控制器间距不够将导致航天员在操作时会意外操作邻近的控制器。

10.5　通信系统

通信系统包括乘组通过声音、文本或视频接收和发送的信息。

10.5.1　通信系统设计［V2 10083］

通信系统的设计**应**支持团队成员之间的协同和合作。

阐释：为了确保探索任务中团队协作的最优化，有必要设计能提供当前状态的精确、全面、实时画面的系统，并使用能使团队成员有效沟通与合作的工具。当团队在有时间延迟的条件下操作时，这一点特别重要。通信系统处理航天员接收和发送的信息可能包括如下媒介：声音、视频、文本和数据。

10.5.2　上行/下行能力［V2 10084］

系统**应**提供声音、文本和视频的上行和下行能力，以支持乘组工作效率和行为健康。

阐释：应支持乘组和地面人员的通信。通信应该是双向的，以确保高效完成任务和维持乘组身体和行为健康所需的信息交换。

10.5.3　音频通信

10.5.3.1　通信语音声压级［V2 10085］

音频通信系统**应**确保在预期的背景声压级下，乘员可使用正常的语音声压级进行彼此之间通话，或者与地面进行通话。

阐释：当乘组与地面人员使用语音通信系统时，其使用正常的语音音量就可以，不用提高声音。语音升高可导致语音失真、语言可懂度降低，且长期保持这样的音量是十分困难的。

10.5.3.2　通信工作参数［V2 10086］

为保证可懂度，语音通信**应**考虑系统工作参数，包括频率、动态范围、噪声抵消和屏蔽、预增强和峰值限制。

阐释：可通过考虑语音可懂度所需的所有参数优化通信。例如：噪声抵消可确保正常的语音音量。

10.5.3.3 通信环境参数 [V2 10087]

为确保可懂度，音频通信**应**在发射机和接收机区域确定合适的背景声级和建筑声学的特征。

阐释：背景噪声、混响和其他声学现象不得干扰乘组通信。高背景噪声可使语音难以听清；类似地，高的回响可干扰语言可懂度。

10.5.3.4 通信控制和程序 [V2 10088]

为确保可懂度，声音通信**应**考虑运行控制和程序，包括音量、静噪、自然语言、确认反馈和静音。

阐释：应采用合适的控制和程序以提高可懂度。程序应使用自然语言。应有确认接受到消息和静音消息的方法。通过减少误解和疑惑可改善通信。

10.5.3.5 通信发射机和接收机设置 [V2 10089]

为确保可懂度，音频通信**应**考虑发射机和接收机的设置，例如耳机、麦克风、气导和骨导。

阐释：为支持良好的通信，发射机和接收机应具有最优化的性能指标。通过使用合适的耳机和麦克风，乘组可以发送和接收高品质的语音和音频信号。

10.5.3.6 音频通信的声音品质 [V2 10090]

音频通信**应**有足够的声音品质，以确保语音通信不影响乘员的工作效率。

阐释：音频通信应具有良好合适的声音品质，能帮助任务的完成而不是妨碍任务的完成。例如：如果程序不能很好地被听清，很可能导致错误的发生。

10.5.3.7 单词识别 [V2 10091]

对于关键的通信信息，系统**应**保证90%的英语单词识别率，测试方法依据 ANSI S3.2-2009《通信系统语音可懂度测试方法》。

阐释：语音通信应被准确地理解。如果信息理解错误或不准确，可能错过重要的信息，因此乘员在任务中可能产生错误、甚至可能危及安全。注：本标准10.5.3.7节［V2 10091］并不用于语音识别软件。

10.5.3.8　乘员间通信［V2 10092］

乘员间的通信应单独供电，独立于航天器的电源。

阐释：在供电故障影响飞行器时，应保持乘员间通信以及其与地面的通信。

10.5.3.9　私密音频通信［V2 10093］

系统应提供与地面进行私密通信的功能。

阐释：系统应有私密通信能力，使乘组与地面私密地讨论诸如家庭、健康和医疗等话题。

10.5.4　视频通信

视频通信系统是设计用来传递视频信息的通信频道，例如摄像机视频、动画和照片图像等。

10.5.4.1　视频通信的视频质量［V2 10094］

视频通信应采用数字编码或者有相同视频质量的其他编码方法。

阐释：视频系统的质量应该适合于正确的信息传输。质量差的图像可能导致误解，造成沟通问题，并可能增加完成任务所需的时间。

10.5.4.2　视频通信信息的空间分辨率［V2 10095］

视频通信应提供足够的空间分辨率（宽和高的像素值），以保证航天员完成相应任务。

阐释：视频分辨率应适合于其服务的任务，以避免发生由于分辨率过低引起的错误发生，也可避免完成任务的延迟。

10.5.4.3　视频通信的时间分辨率［V2 10096］

视频通信应提供足够的时间分辨率（帧数/秒），以保证航天员完成相应任务。

阐释：通信的时间分辨率应是合适的，通过视频可辨别人的语音、动作和物体的运动。分辨率不合适将带来困难或不能完成上述工作，从而造成信息传输困难。

10.5.4.4　视频通信的颜色和强度 ［**V2 10097**］

视频通信**应**提供足够的颜色和强度水平，以确保完成相关的任务。

阐释：发送的颜色和强度应该合适。视频通信中不合适的颜色和强度会导致信息的错误识别和错误理解，以至于在执行任务过程中出现错误和发生问题。

10.5.4.5　视频通信的比特率 ［**V2 10098**］

视频通信系统**应**支持足够高的比特率，以确保压缩失真尽可能得低。

阐释：用于视频通信的压缩方法和水平不得带来过多的视觉失真。失真会妨碍信息的传输，导致通信困难。

10.5.4.6　视听滞后时间 ［**V2 10099**］

传输声音和视频的通信系统如果要求同步，那么**应**确保声音程序提前视频程序不超过 15 ms、延迟不超过 45 ms。

阐释：视频和相应的音频的时间差不应该造成乘组的认知困难。当听人讲话时，音频和视频之间即使有很小的时间差也会非常明显，令人烦恼。

10.6　自动化系统和机器人系统

关于乘组与自动化系统之间的功能分配决定了特定操作的自动化水平。低自动化水平的操作中，大部分任务工作需手工完成；高自动化水平的操作中，大部分任务工作由机器完成。不管怎么样，所有的自动化系统都应有与用户交互的界面。移动机器是自动化系统的一个特殊类别，其包括漫游器、机器人控制系统、移动辅助装置，可以在太空或者行星表面操作运行。移动和自动机器取决于有特殊约束条件的乘组界面。

10.6.1 自动化系统和机器人系统设计

10.6.1.1 自动化系统和机器人系统要求 [V2 10100]

当乘组不能安全、可靠或高效地完成指定的任务时，系统**应**提供相应的自动化系统和机器人系统。

阐释：应该识别出乘组不能可靠、安全或高效地完成的任务。系统应该提供相应的自动化系统和机器人系统去完成这些被识别出的任务，所提供的系统将比航天员完成得更好。

10.6.1.2 自动化系统和机器人系统设计 [V2 10101]

自动化系统和机器人系统的设计**应**具有自我监视和调节能力，以避免航天员受伤、设备损坏和任务失败。

阐释：自动化系统和机器人系统的设计应该具有预防/安全措施，例如机械束缚装置、阈值设置点、自动关机、应急停止，以保证其不会对任务、硬件或乘组的健康安全带来负面影响。具有内部安全检查功能的机器人系统能够识别和避免不安全的条件，例如速度过快、力和力矩过大等，更可能成功实现任务。关于该主题的更多信息可以参见 HIDH 第 10 章。

10.6.1.3 机器人操作控制站——通用性和一致性 [V2 10102]

对于给定的机器人系统，操作者控制站**应**具有通用性和一致性，且与物理位置无关，例如在地面、太空、月球表面或者行星表面。

阐释：该项要求的目的是确保机器人控制站尽可能地相同，而不管其物理位置在哪里。这包括所有的乘组软硬件界面以及物理布局和设计。对于某给定系统，控制站可能位于不同的位置，例如在地球表面、太空、月球表面或者行星表面等。同样地，机器人系统也可能由多位操作人员同时对其进行控制和监测。操作者能够实时转移控制技术和分享知识，同时又不会失去其情景感知或经历负面训练，这很重要。当场地或其他潜在约束条件存在时，如在舱外航天服内对机器人进行控制，就会存在一些限制。

10.6.1.4 机器人系统位置感知 [V2 10103]

机器人系统的操作控制站**应**提供 SA 所需的显示装置和界面，

以执行任务和管理系统。

阐释：需要对操作者控制站进行设计，以便为高效和有效地执行任务提供和维持所需的 SA。特别应该考虑到遥操作机器人软硬件的设计，它们可能要在有时间延迟的情况下或者操作者和机器人不在同一地点的情况下操作机器人系统。

10.6.1.5　自动化水平〔**V2 10104**〕

自动化系统或者机器人系统的乘组界面**应**设计成具有合适的自动化水平，以便高效地完成任务。

阐释：设计要求应确保有不同的可用自动化水平，这取决于哪种水平最适合任务/情况。当人不能够可靠、高效和安全地完成任务时，将使用全自动化的系统。对于最好由自动化和人分担活动的困难任务，中等水平自动化系统（监视控制）是适合的。如果需要人维持对任务的控制，而一定的自动化又能提高工作绩效，例如速度和精度，那么最低的自动化水平或手动控制是有用的。

10.6.1.6　自动化水平的状态指示〔**V2 10105**〕

应为自动化系统或者机器人系统的操作人员提供自动化系统或者机器人系统的状态信息，包括系统自动化水平状态发生改变的信息。

阐释：该项要求的目的是确保操作人员始终掌握自动化过程的状态，以保持对系统的模式感知。操作人员需要能够决定和影响系统运行的自动化水平，以及确定哪个过程是自动化的。当自动化系统从人操作者接管了系统或者切换到更高的自动化水平时，应分析决定什么情况下要对乘组进行报警。

10.6.1.7　机器人系统状态〔**V2 10106**〕

机器人系统**应**与操作航天员按照本标准 10.1.6 节的要求进行交互，以便乘组能够确定机器人系统的健康、状态和在程序序列中的位置，以掌握机器人系统理解和接收操作者指令的能力。

阐释：乘组需具备持续了解机器人系统状态的能力，以便有充足的时间进行计划内的程序修改或应急反应。状态信息应包括机器人系统的健康、过去的行为、程序修改的确认反馈以及将来的目标行动。

10.6.1.8　自动系统仲裁［**V2　10107**］

设计有多个操作人员的机器人系统**应**能够接收来自多个操作人员的指令输入并进行仲裁，以便安全工作且不会降低性能。

阐释：机器人系统的操作控制可能由多个团队来完成，其在指定的操作任务中需轮流对系统进行控制，例如，出舱活动或者舱内活动的乘组、月球/行星基地操作者或者地基操作人员。控制权的转移需要：1）由集成系统接受；2）以安全的方式实施，不得干扰工作效率；3）转移不会防碍操作人员或者团队的活动。控制系统的设计应允许在紧急和应急情况下由其他操作者/团队接替原操作人员对机器人系统进行控制。

10.6.1.9　自动化系统和机器人系统操作——存在时间延迟［**V2　10108**］

对于存在时间延迟的遥操作，自动化系统和机器人系统**应**能够接收和发送指令，并完成相应任务。

阐释：对自动化系统和机器人系统进行设计应充分考虑与遥操作相关的时间延迟因素，以确保系统高效和有效地完成任务。控制输入与系统响应之间的时间延迟可能引发问题，因此需要一种机制确保系统预期功能的实现。应该考虑在存在时间延迟的情况下或者在操作人员和机器人不在协同状态时，遥操作软硬件能够操作控制机器人系统。

10.6.1.10　自动化系统和机器人系统停机能力［**V2　10109**］

应为航天员提供对自动化系统和机器人系统的关闭能力。

阐释：如果确定自动化系统和机器人系统造成了危险或者不能达到预期的效果，那么系统应该允许航天员关闭相应系统。在整个任务的任何阶段，乘组都应该保持对飞行器的最终控制权。

10.6.1.11　自动化系统和机器人系统超驰能力［**V2　10110**］

只要适当，乘组**应**具有对自动化系统和机器人系统的超驰能力。

阐释：如果确定自动化系统和机器人系统造成了威胁或者需要

启动新的活动，那么系统应该让乘组具有对自动化系统和机器人系统的超驰能力。在整个任务的任何阶段，乘组都应该保持对航天器的最终控制权。

10.6.1.12 机器人系统的乘组界面——空间失定向 ［**V2 10111**］

机器人系统的乘组界面**应**考虑操作者和机器人之间的不同参照系，以减少空间失定向，使乘组按照要求的绩效指标完成任务。

阐释：用于操作者和机器人任务的参照系对乘组来说应该是直观的。可通过在要求中指定具体技术来实现上述目标，例如在适合的情况下将乘组和机器人的参照系匹配，或者至少提供参照系的标记或者视觉线索。当操作人员出现在机器人视野范围内时，就会涉及到与机器人参照系的匹配。不得因为没有考虑到操作者和机器人参照系的差异造成任务效率降低（例如任务时间、精度、误差或者其他相关指标）。关于该主题的更多信息请参考 HIDH 第 10 章。

10.6.1.13 机器人系统的乘组界面——参考坐标系 ［**V2 10112**］

机器人系统的乘组界面设计**应**确保不同参照系之间能够进行有效协调或者切换。

阐释：在人-机器人任务中，不同参照系之间的协调或者切换对于乘组来说应该是直观的。可通过在要求中指定具体技术来实现上述目标，例如在适合的情况下将乘组和机器人的参照系匹配，或者至少提供参照系的标记或者视觉线索。

10.7 信息管理

10.7.1 信息管理能力——规定 ［**V2 10113**］

信息管理系统**应**以适当详略程度提供有关任务计划、任务操作、系统维护、系统健康状况的关键数据，以确保乘组安全高效地完成任务。

阐释：对于每项任务，信息管理系统应该以合适的详略程度提供乘组完成任务所需的各种信息。任务分析将有助于定义乘组完成任务所需的数据和详略水平。

10.7.2　警告和告警

10.7.2.1　视觉和听觉通告 [V2 10114]

信息管理系统**应**为航天员提供应急、告警、警告和提醒事件的视觉和听觉通告。

阐释：应为各种水平的告警定义并提供相应的视觉和听觉通告。通告应该具有双编码，例如看得见和听得见，并且通告是有差别且可识别的。听觉通告作为语音告警这种高效的信息提供方式，可实现快速准确的响应。

10.7.2.2　越限警告 [V2 10115]

如果所选定的参数值超过安全限值，系统**应**向乘组提供报警。

阐释：设定限值是自动控制系统要获取的目标值。两个设定限值，例如高和低的设定限值，确定了系统运行的参数值范围。在自动控制系统中，乘组和地面人员可以选择设定限值。当设定的限值超过安全限值时，系统应该向乘组报警，提示设定限值已经处于不安全的范围。报警起到检查的作用，以确保乘组是有意进行这样的变化，并提示他们设定的限值范围存在危险。

10.7.2.3　听觉通告静音 [V2 10116]

对于活跃的听觉通告，信息管理系统**应**提供手动静音功能。

阐释：应该为乘组提供所有警告的手动静音能力。手动静音措施对于航天员来说应该是直观的，在不同的飞行阶段、舱内不同的工作位置都可以进行静音操作，并与舱内其他手动静音机制具有一致性。

10.7.2.4　视觉和听觉通告故障 [V2 10117]

应航天员的要求，信息管理系统**应**能够测试视觉和听觉通告故障。

阐释：应该为乘组提供适当的机制，使他们能独立测试视觉和听觉通告系统故障。该机制应包括一个启动测试的控制器，以及可以提供视觉和听觉通告系统测试结果的某些显示器。

10.7.2.5 视觉告警——红色［**V2 10118**］

红色**应**用于视觉告警的最高级别。

阐释：对于需要传播最高级别告警信息的情形，应使用红色作为文本和/或图形的显示颜色。

10.7.2.6 视觉告警——黄色［**V2 10119**］

黄色**应**用于次高告警级别的视觉提示。

阐释：对于需要传播次高级别告警信息的情形，应该使用黄色作为文本和/或图形的显示颜色。

10.7.3 信息管理能力

10.7.3.1 信息管理方法和工具［**V2 10120**］

信息管理系统**应**为乘组提供方法和工具，使其能够高效输入、存贮、显示、处理、发布、更新和删除任务数据。

阐释：系统应提供软硬件架构，包括必要的乘组界面，以管理信息管理系统中的所有数据。可用性测试将有助于确保所提供的信息管理方法和工具便于使用且有效。

10.7.3.2 信息管理标准术语［**V2 10121**］

信息管理系统**应**使用标准术语。

阐释：在整个信息管理系统中使用的术语应该遵循项目的相关标准，至少在整个系统中是一致的。标准的术语常常通过具体项目操作术语标准来实现。

10.7.3.3 信息管理兼容性［**V2 10122**］

信息管理系统**应**与航天器内其他系统具有一致性。

阐释：信息管理系统的显示器、控制器、术语和操作界面应该与其他飞行器系统具有一致性和兼容性。该要求将确保所有的系统工作运行协调高效，以确保任务的成功完成。

10.7.3.4 信息管理运行速度［**V2 10123**］

信息管理系统的运行速度**应**确保乘组有效和高效地完成工作，例如在可以接受的误差范围内和规定的时间范围内。

阐释：太长的响应时间将影响航天员有效和高效地完成任务。

因此，应该为信息管理功能设立系统最小响应时间。

10.7.3.5　信息管理数据规定 [V2 10124]

信息管理系统在每个工作站**应**为乘组提供在此执行任务的数据。

阐释：该设计要求应规定在什么工作站完成什么具体的任务，以确保该工作站能够提供该任务的相关数据。应进行任务分析，以识别任务和数据需求。

10.7.3.6　信息管理安全性 [V2 10125]

信息管理系统**应**具备保护敏感数据、传输、安全浏览和发送人验证的能力。

阐释：应该识别出数据敏感性以及数据保护或处理措施，以确保数据保护机制有效，例如，加密或密码保护。

10.7.3.7　信息管理地面可用性 [V2 10126]

信息管理系统**应**允许地面在不需乘组介入的情况下实现所有的在轨数据库功能。

阐释：地面人员应该能够对所有在轨数据进行访问和实现管理功能。在不需要乘组参与的情况下，应该具备地面-飞行器之间进行交互的架构以实现这种功能。这种访问应该考虑到如下方面：数据保护、数据传送带宽，最重要的是航天员的可见性。虽然不要求乘组参与完成这些由地面启动的功能，但乘组应知道将要发生、正在发生或者已经发生的操作。

10.7.3.8　信息捕获和传输 [V2 10127]

信息管理系统**应**为乘组提供方便的信息捕获和传输方式。

阐释：信息管理系统应该为乘组提供从一个显示器到另外一个地方传输信息的能力。该项要求应指定具体技术，例如截屏、数字下载或捕获，这样在没有永久显示设施的地方能提供对显示信息的访问。

10.7.3.9　信息注解 [V2 10128]

信息管理系统**应**为乘组提供注解信息的能力。

阐释：系统应该向乘组提供通过技术方法注解显示数据的能力，

例如实时标记能力、直接显示修改、硬拷贝打印、用红线标记等。注解能力提供了乘组对程序、注释和提示进行修改的记录，如果仅仅是口头注解，则很容易被遗忘。

10.7.3.10　信息备份和恢复 ［V2 10129］

信息管理系统**应**允许航天员对所有数据进行进行备份和恢复，并对关键重要的数据提供自动备份措施。

阐释：数据备份和数据恢复措施可确保数据不会意外丢失。不能再生成的关键数据应该能够自动备份，不太重要的数据可以由乘组通过标准用户界面指令进行备份。

10.7.3.11　备用的信息源 ［V2 10130］

信息管理系统失效的情况下，信息管理系统**应**提供备用的信息源。

阐释：信息管理系统不可用的情况下，系统应确保关键任务有可用的备份信息源，例如应急程序可能有纸质提示卡。

10.7.3.12　软件系统恢复 ［V2 10131］

软件系统崩溃后，信息管理系统**应**能够快速恢复。

阐释：系统故障时，信息管理软件必须具有足够的成熟度，能够快速恢复。此外，应该识别出在系统崩溃后信息管理系统重新运行的、可以接受的最小时间延迟。

11　航天服

在着服任务期间，航天服提供自给的生存环境，以维持航天员生命、满足航天员健康、安全和性能需求。着服活动（EVA 或 IVA）是许多载人航天任务中的一个必不可少的组成部分。对于行星际探索任务而言，航天员穿着航天服到达行星表面是保障任务成功和安全的基础。着航天服的活动确保了任务的科学、探索和维护等许多方面得以实现。航天服满足以下阐述的需求将对着服航天员的健康、安全和工作效率具有极为重要的意义。关于 EVA 健康和医学标准参见 NASA - STD - 3001 第 1 卷。有关安全性、EVA 支持设备设计、EVA 转移通道布局、舱外机动装置（EMU）和航天员作业的人机接口方面的指南和约束详见 JSC 28919《EVA 设计需求与考虑》。

11.1　服装设计和操作

11.1.1　穿脱服装［V2 11001］

在正常和应急的情况下，系统都应提供高效的服装穿脱能力。

阐释：航天服穿脱是非生产性活动。此外，烦琐而困难的工作更容易发生疏漏和误操作。最后，快速穿着服装对应急情况十分重要。系统研发人员需要了解应急情况，估算穿着时间、评价穿着能力，例如在无人帮助下的穿着情况。

11.1.2　着服转移

11.1.2.1　着服航天员转移通道［V2 11002］

预期的转移通道应足够大，能够提供容纳一名着服航天员以及其完成转移所必须的动作的空间。

阐释：转移通道为乘组提供安全有效的移动支持。着服航天员能够轻松快速地在地面进出航天器或在飞行中在两个对接航天器之间进行转移。丧失能力的着加压服航天员不能自己进舱，而且其还可能处于需要帮助的束缚位置。这可能包括从 EVA 进舱，或者从 EVA 或对接舱进/出舱。"着加压服航天员"是边界条件。

11.1.2.2　着服操作的活动辅助保障 [V2 11003]

应为着服航天员预期的转移通道提供活动辅助装置。

阐释：为了保证在微重力环境下航天员方便地从一个地点向另一个地点转移，且避免因不慎碰撞到硬件而导致航天器或航天员的损伤，需要提供活动辅助装置，例如把手。如果没有预先设置活动辅助装置，航天员可能借助能利用的设备进行转移，由此产生的负荷可能损坏设备。由于着服活动能力有限，为了安全有效地进出航天器，还需要活动辅助装置的支持。活动辅助装置应设计成支持加压服的操作，提供足够的间隔、非光滑的表面和非圆的扶手横截面。

11.1.2.3　EVA 机动辅助装置标准化 [V2 11004]

EVA 机动辅助装置的颜色**应**标准化、醒目，容易与其他不用于辅助支持的装置区分开。

阐释：EVA 机动辅助装置标准化能减少学习和识别时间。在应急情况下，乘组应能从周围结构中迅速地识别出机动辅助装置。视觉提示，例如颜色编码，对本功能会有用。视觉提示的通用性是很重要的，乘组能够轻易地从非机动辅助装置中识别出机动辅助装置，也就不会因对非机动辅助装置施加额外的负荷而对其造成损坏。

11.1.2.4　EVA 转移通道危险规避 [V2 11005]

EVA 转移通道的设计**应**避免暴露在危险中。

阐释：安全性对于所有 EVA 任务而言是极为重要的。如果转移通道和机动辅助装置设置适当，就会减少类似于硬件碰撞、误入禁区或者触碰到污染表面的危险。如果没有预先设计转移通道或设置机动辅助装置，那么不能用于机动支持的设施就会被抓、推、拉的操作外力损坏。

11.1.3　服装环境

11.1.3.1　服装压力设定限值［**V2 11006**］

在服装操作压力范围内，服装**应**向乘组提供选择不连续的服装压力设定限值的能力。

阐释：在可变压力服装内实施操作概念，乘组应能选择所需的不连续压力设置。

11.1.3.2　服装平衡压力［**V2 11007**］

当服装平衡压力达到设定值后，服装**应**能维持压力波动在 0.1 psi（0.689 kPa）之内。

阐释：为了防止航天员因压力波动而产生的身体腔体和鼻窦、特别是耳朵的不适，在达到设定压力后保持稳定的压力是很重要的。维持一个稳定的压力水平的目的就是要保护在加压航天服里的航天员。由于服装内的压力容积相对较小，因此着加压服乘组暴露于恒定的（不变）压力设定限值非常重要。服装内大的压力波动需要航天员的身体腔体和鼻窦不断地重新平衡，从而增加引起这些部位不适的风险。

11.1.3.3　服装减压病治疗能力［**V2 11008**］

按照本标准 6.2.2.4 节的要求，服装**应**具备减压病治疗能力。

阐释：在可变压力服装内实施操作概念，乘组应能选择所需的不连续压力设置。为了提高工作效能，航天员应能选择最小的操作压力。为了减轻减压病初期的症状，航天员应能选择 8 psia（55 kPa）的服装压力。对于不可恢复的座舱压力故障，如果乘组在进入压力服之前没有时间预呼吸，为了减少减压病的风险，乘组应能选择 8 psia（55 kPa）的服装压力，然后能选择一个中等服装操作压力值以提高活动性、便于操作航天器。

11.1.3.4　着服噪声暴露限值［**V2 11009**］

在不用听力保护器的情况下，服装**应**将耳边噪声暴露（不包括冲击噪声暴露）限制在噪声标准 NC-50 或之下的水平，除非听力保护器是服装的标准配置。

　　阐释：为了保证话音通信质量以及舒适性，本要求限制了服装内的噪声水平，但不适用于报警、通信或在维修过程中产生的噪声。除非听力保护器或通信头戴是服装的标准配置，否则不能将其用作满足噪声限值的手段。还要考虑到保护通信传输的频率不受周围或服装噪声的影响。

11.1.3.5　EVA 服装辐射强度监测 [**V2 11010**]

　　EVA 服**应**提供或具备辐射强度监测和报警功能，以便航天员采取适当措施。

　　阐释：在 EVA 期间，辐射强度的监测是控制航天员辐射暴露的首要数据。在 NASA‑STD‑3001 第 1 卷中规定了现行对于确定性效应的暴露限值（短期暴露限值），并要求对其执行，因此需要辐射强度监测。

11.1.3.6　着服航天员的热积 [**V2 11011**]

　　在正常着服操作期间，系统**应**能防止每名航天员的热积超过规定范围：$-1.9\ \mathrm{kJ/kg} < \Delta Q < 3.0\ \mathrm{kJ/kg}$，$\Delta Q$ 是由 41 点人体或 Wissler 模型计算出来的。

　　阐释：本需求适用于正常的微重力 EVA、正常的表面 EVA 操作和发射前的操作。作为整个系统设计和人体适应性的一部分，还需要说明航天员在发射、着陆和非正常的着服操作工况的热积。过多的热负荷和累积会使热积很快达到人体耐受极限并且损害乘员工作效率和健康。当皮肤温度的升高大于 1.4 ℃（2.5 ℉）[0.6 ℃（1 ℉）核心] 或者脉搏大于 140 bpm 时开始出现损伤。人体核心温度增加会导致相关人的工作效能下降。将热积保持在低于引起效能损伤的水平，航天员在执行复杂任务时就不会出现由于热引起的效率降低。如果航天员在服装里，则热负荷会迅速增加。来自空军飞行员防护服的数据表明，与着衬衫环境相比，航天员着服期间体温增加更快。目前热积限值的变化是，正常着服操作工况下、不产生热不适时，允许航天员代谢率为 528～2 220 kJ/hr（500～2 100 Btu/hr）。

11.1.4　用于着服操作的限制器——规定 [**V2 11012**]

为了确保着服航天员的最佳可达域和工作包络，**应**设置限制器；为了得到最大的工作包络，限制器可调。

阐释：着服航天员不必每次手动操作和观察航天器用户界面时都重新调整自己的位置。为了与航天员的活动范围相适应，所有乘员座椅和限制器都是可调的。与着服航天员交互的乘员接口和控制器应该位于航天员从限制的位置能够可达的活动范围之内。服装会限制乘员的活动范围，使其低于非着服的状态。服装加压会进一步减小活动范围。

11.1.5　服装废物管理

11.1.5.1　着服人体废物管理——规定 [**V2 11013**]

服装**应**提供着服航天员的小便、大便、经血和呕吐物的管理措施。

阐释：整个系统应设计成能够进行人体废物收集，处理废物管理系统里的废物，并且清洁服装以便重复使用。废物管理设备应能容纳和处置人体废物，并且尽量对其进行密封和隔离。应为个人卫生和服装清洁提供措施。

11.1.5.2　服装小便收集 [**V2 11014**]

在整个着服操作期间，服装**应**能收集的尿液容量 $V_u = 0.5 + 2t/24$（L），其中 t 为着服的小时数。

阐释：该要求允许航天员在着服操作期间随意排泄液态废物而不应影响工作效能。服装只负责收集航天员着服期间预期排出的尿液。小便收集系统能连续收集所有乘员的尿液，平均尿量为 $100\sim500$ mL（$3.4\sim16.9$ oz）。排尿速率因性别而不同（女性尿道阻力更小，因而速度更快），平均为 $10\sim35$ mL/s（$0.34\sim1.2$ oz/s），女性腹部用力时几秒钟内最大流速高达 50 mL/s。为了防止尿液无意中释放到座舱内导致伤害航天员的皮肤、黏膜或损坏设备，应将排出的尿液隔离。

11.1.5.3 服装每天尿收集——应急 [**V2 11015**]

对于应急状态，着服作业时间超过 24 小时，服装每天**应**能收集和容纳每名航天员 1 L 的尿量。

阐释：鉴于重力加速度的变化和液体吸收水平不同，在任务的不同阶段尿液排出量有多有少。很少的情况下单次尿量可能达到 1 L（33.8 oz），因此设备应能适应这个最大值。另外，对于不可恢复的座舱失压，为了维持生命，航天员需要在航天服里停留较长时间，应该提供大便和小便收集系统。为了防止尿液释放到服装里导致航天员的黏膜或设备损伤，排出的尿液应装在储存和处置硬件里。

11.1.5.4 服装每天大便收集——应急 [**V2 11016**]

在应急服装操作期间，服装每天**应**能收集每名航天员质量为 75 g（0.15 lb）、容积为 75 mL（2.5 oz）的大便。

阐释：对于不可恢复的座舱失压，为了维持生命，航天员需要在航天服里停留较长时间，应该提供大便和小便收集系统。由于在粪便里有大量可能的致病菌，因此在微重力下，大便收集系统应尽可能地减少粪便物质脱出到服装环境里。如果出现这样的问题，就有可能损伤航天员和设备。在所有 EVA 期间，服装应能提供大便废物收集和密封功能。正常情况下，着服活动不超过 10 小时。废物量反映了应急着服作业期间营养供给成分的变化，并以低残渣量为特征。

11.1.5.5 服装呕吐物隔离 [**V2 11017**]

服装**应**提供隔离 EVA 航天员面部呕吐物的方法。

阐释：在飞行最初的 72 小时，乘员受到空间适应综合症影响。在飞行最初的 72 小时乘员通常穿着服装以应对某些动态阶段。期间或者在这个时段出现一次应急 EVA 就，可能会在服装内发生乘员呕吐的情况。在行星表面，高强度的太阳质子事件能引起前躯恶心和呕吐。如果呕吐物进入到了服装内部环境，则应防止呕吐物进入航天员的鼻咽区域。如果对呕吐物的累积不加控制，则会影响航天员的视觉。

11.1.6 服装视觉

11.1.6.1 着服视野 [**V2 11018**]

服装**应**能提供完成所需着服任务的充足视野。

阐释：为了提高工作效能指数、保证任务成功，面窗应对正常视敏度影响最小。为了执行地面、IVA 和 EVA 任务，面窗应提供足够的视野，防止管状视野。

11.1.6.2 服装头盔光学质量 [**V2 11019**]

服装头盔**应**能提供完成所需着服任务的光学质量。

阐释：为了提高工作效能指数、保证任务成功，面窗应对正常视敏度影响最小，减少模糊、变色和起雾的情况。

11.1.6.3 服装头盔光线防护 [**V2 11020**]

服装头盔**应**保护着服航天员防止看到具有防碍任务成功完成的发光物体。

阐释：个别任务或航天员可能需要比其他任务或航天员更高或更低的照明水平。

11.1.6.4 服装头盔视觉变形 [**V2 11021**]

服装头盔**应**防止视觉变形。

阐释：为了保证任务成功，通过航天员头盔的视觉应无变形。

11.1.7 服装头盔显示器 [**V2 11022**]

如果配有头盔或头部显示器，则不**应**妨碍服装头盔视野。

阐释：为了保证任务成功，通过航天员头盔的视觉应对正常视敏度影响最小。执行地面、IVA 或者 EVA 任务时，在头盔内加入任何显示器都应保证有充足的视野，防止管状视野。

11.1.8 服装信息管理 [**V2 11023**]

系统**应**能对消耗品信息、服装状态和报警、生物医学数据进行有效地输入、存储、接收、显示、处理、发送、更新和处置，将数据提供给着服航天员和其他航天员，可能的话可提供给地面控制人员。

阐释：为了加强消耗品管理、优化 EVA 任务绩效、降低生理应激/损伤的风险，需将有关服装大气和生理信息反馈给航天员。通过了解生理参数和生保消耗品的趋势，IVA 或 EVA 航天员可以提前采取措施以防止不安全的操作状态或应对非计划的安排。通过将各个系统整合实现本需求，每个系统的职责在各个系统需求文件（SRDs）和信息需求文件（IRDs）里有详细规定。为确保航天员的健康和生命安全，在可能的情况下，地面医保人员希望在应急的、为保全任务的 EVA 期间以及不可恢复的座舱失压期间看到生理遥测数据。虽然这些数据的判断主要是靠服装本身的算法而不是靠地面的医学支持，但是在月面活动期间，为了确保航天员的健康和生命安全还是需要对这些数据进行监视。对于微重力活动希望得到核心温度和心率数据，对于月面活动希望得到核心温度数据。

11.2 着服功能

11.2.1 服装活动性、灵巧性和触感
11.2.1.1 着服工作能力 ［**V2 11024**］

为了在可接受的体力负荷和疲劳极限范围内完成着服任务，服装**应**能提供活动性、灵巧性和触感。

阐释：着服乘员应能执行满足任务目标所需的工作，并且在着服期间操作需要使用的人机接口。服装会限制乘组的活动性、灵巧性和触感，使其低于不着服的乘组；服装加压后又会进一步降低乘组的能力。

11.2.2 营养
11.2.2.1 着服营养 ［**V2 11025**］

着服期间**应**为乘组提供供应营养物质的方法。

阐释：着服操作的能量消耗很大，有必要提供额外的营养物质，包括液态的营养物质。为了在任务期间保持基本体重，按照从中等到重度 EVA 任务的代谢量需求为航天员补充热量。维持基本体重（主要是肌肉）是保证航天员身体健康并具备任务能力的重要因素。

对于表面 EVA，航天员很可能着服达 10 小时，其中大约在表面活动产生能量消耗 7 小时。在着服期间，为航天员提供营养补充可以让航天员始终保持在一个高的能力水平。阿波罗航天员强烈推荐在表面 EVA 期间提供固态或液态的高能物质。对应急微重力 EVA 和/或时间少于 4 小时的 EVA 不需要提供。对于长期的着服操作，例如非计划的减压情况，航天员需要从外部获得营养补充以维持工作能力。

11.2.3　饮用水

11.2.3.1　着服供水　[V2 11026]

着服期间**应**为航天员提供供水的方法。

阐释：在着服期间有必要提供饮用水，其可以防止因出汗和感觉不到的水分损失引起的脱水，并且可以提高航天员的舒适性。对于表面 EVA，航天员很可能着服达 10 小时，其中大约 7 小时在表面活动产生能量消耗。阿波罗航天员强烈推荐在表面 EVA 期间提供适量的水。阿波罗航天员推荐，在月面 EVA 期间每小时提供 237 mL 的水；还要满足应急情况的饮水需求，例如当月球车故障时需要步行 10 km 返回的情况。本需求的目的是让航天员能够在需要的时候立即（小于 2 秒）喝到水。内部贮水器应有足够的容量可供航天员快速喝到水，而且不妨碍作业效率的情况下可以从外部为饮用水系统注水。在长时间着服作业期间，例如非计划的减压情况，航天员应该能从外部水源获得饮水，以防止脱水引起的作业能力的下降。

11.2.4　药物

11.2.4.1　着服药物管理　[V2 11027]

系统**应**为着服航天员提供服用药物的方法。

阐释：作为应急考虑，当不能脱下服装时，例如非计划的减压情况，需要从服装外部供应药品。在服装设计中应包括药物和服用药物方法的设计。

12 操作

第 12 部分，将提出系统使用的计划，包括程序和训练的设计。

＜预留＞

13　地面维修和组装

第 13 部分，将涉及飞行乘组和地面人员两者通用界面的配置要求。该部分当前被标注为预留，将在 2010 年财政年度展开研究。

<预留>

附录 A　参考文献

A.1　目的和/或范围

该附录的目的是提供指导，确定可用的参考文献列表。

A.2　参考文献

A.2.1　官方文件

国防部

MIL – HDBK – 1908	Definitions of Human Factors Terms
MIL – STD – 1474	Department of Defense Design Criteria Standard, Noise Limits
NASA	Bue, Grant C. Lyndon B. Johnson Space Center Memorandum EC—09—154. Tolerable Limit for Hand Skin Temperatures in Glove Tests. November 3, 2009 Deliberations of the Exploration Atmospheres Working Group (EAWG), 2006. Nutrition Requirements, Standards, and Operating Bands for Exploration Missions, December 2005. Johnson Space Center, Scott M. Smith
JSC 28918	EVA Design Requirements and Considerations
JSC 33124	41 – Node Transient Metabolic Man Computer Program Documentation – A thermal regulatory model of the human body with environment suit applications
JSC 39116	EMU Phase VI Glove Thermal Vacuum Test and Analysis Final Report, Doc. # CTSD – SS – 1621, NASA Johnson Space Center, August 20, 1998
JSC 63414	NASA Spacecraft Water Exposure Guidelines (SWEGs)

续表

JSC 63557	Net Habitable Volume Verification Method
JSC Interpretation Letter MA2 - 99 - 142	On - Orbit Boarding and Grounding
JSC Interpretation Letter MA2 - 99 - 170	Mate/Demate
JSC Interpretation Letter TA - 94 - 029	Electrical Shock
NASA/SP - 2010 - 3407	Human Integration Design Handbook (HIDH) http://ston. jsc. nasa. gov/collections/TRS/_ techrep/SP - 2010 - 3407. pdf
NASA/SP - 2007 - 6105	NASA Systems Engineering Handbook
NASA/TM - 2007 - 214755	The Apollo Medical Operations Project: Recommendations to Improve Crew Health and Performance for Future Exploration Missions and Lunar Surface Operations
NASA/TM - 2008 - 215198	The Use of a Vehicle Acceleration Exposure Limit Model and a Finite Element Crash Test Dummy to Evaluate the Risk of Injuries during Orion Crew Module Landings
NPD 1000. 3	The NASA Organization
NPD 8900. 5	NASA Health and Medical Policy for Human Space Exploration
NPR 7120. 7	NASA Information Technology and Institutional Infrastructure Program and Project Management Requirements
NPR 8715. 3	NASA General Safety Program Requirements
NPR 8705. 2	Human - Rating Requirements for Space Systems
SSP 50260	International Space Station Medical Operations Requirements Document (MORD)

A.2.2　非官方文献

Biegelmeir, G. New knowledge of the impedance of the human body. Proceedings of the First International Symposium on Electrical Shock Safety Criteria. (1985) Bridges J. E. , Ford, G. L. , Sherman, I. A. , Vainberg, M. (Eds). pp 115 – 132. Pergamon, New York
Chatterjee, I. , Wu, D. , and Gandhi, O. P. Human Body Impedance and Threshold Currents for Perception and Pain for Contact Hazard Analysis in the VLF – MF Band. IEEE Transactions on Biomedical Engineering, BME – 33(5): 486 – 494, 1986
Cooper, G. E. , and Harper, R. P. , Jr. The Use of Pilot Rating in the Evaluation of Aircraft Handling Qualities. North Atlantic Treaty Organization Advisory Group for Aerospace Research and Development (Organisation du Traite de l'Atlantique Nord). Ames Research Center, Moffett Field, CA. Cornell Aeronautical Laboratory, Buffalo, NY. April 1969
Defrin, R. , Shachal – Shiffer, M. , Hadgadg, M. , Peretz, C. (2006). Quantitative Somatosensory Testing of Warm and Heat – Pain Thresholds: The Effect of Body Region and Testing Method. Clinical Journal of Pain, Vol 22, No. 2, pp. 130 –136
Freiberger R. The Electrical Resistance of the Human Body to Commercial Direct and Alternating Currents. Trans. Allen Translation Service. Maplewood, New Jersey: Bell Laboratories, 1934
Greene, L. C. , Alden, J. C. , and Hardy, J. D. Adaptation to Pain. Federation Proc. 17: 60, 1958
Handbook of Acoustical Measurements and Noise Control, 3rd edition. (1997). C. M. Harris (Ed.) p. 16. 8. McGraw – Hill, New York. p. 16. 8.

续表

	Havenith, G. , van de Linde, E. J. G. , Heus. R. (1992). Pain, thermal sensation and cooling rates of hands while touching cold materials. European Journal of Applied Physiology; 65: 43 - 51
	Infrasound and Low - Frequency Sound. Proceedings of the 2001 American Conference of Governmental Industrial Hygienists, Threshold Level Values (TLVs). Documentation of the Threshold Level Values for Physical Agents. ACGIH @ Worldwide. Cincinnati, OH, pp. 1 - 15
	Lloyd - Smith, D. L. , and Mendelssohn, K. (1948). Tolerance limits to radiant heat. British Medical Journal, p. 975
	Moritz, A. R. , and Henriques, F. C. (1947). Studies in Thermal Injury II. The Relative Importance of Time and Air Surface Temperatures in the Causation of Cutaneous Burns. American Journal of Pathology, 23:695 - 720
	Meilgaard, M. , Civille, G. V. , and Carr, B. T. Sensory Evaluation Techniques, 3rd ed. Boca Raton, FL: CRC Press, 1999 (pages 165 - 166, 243)
	Noise and Vibration Control Engineering - Principals and Applications. (1992). L. L. Beranek and I. L. Vér (Eds.) pp 685 - 720.John Wiley and Sons
	Provins, K. A. , and Morton, R. (1960). Tactile discrimination and skin temperature. Journal of Applied Physiology; 15: 155 - 60
	Taylor, R. J. Body impedance for transient high voltage currents. Proceedings of the First International Symposium on Electric Shock Safety Criteria. (1985) Bridges, J. E. , Ford, G. L. , Sherman, I. A. , Vainberg, M. (Eds). pp 251 - 258. Pergamon, New York
ANSI/ASHRAE - 62	Ventilation for Acceptable Indoor Air Quality

续表

ICDM DMS 1.0	International Committee on Display Measurement Metrology (ICDM), Display Measurement Standard (DMS 1.0), available from Society for Information Display (SID). www. sid. org (June 1, 2009)
IEC	Medical Electrical Equipment – Part 1: General Requirements for Basic Safety and Essential Performance. Publication 60601 – 1, Third Edition. International Electrotechnical Commission, Geneva, Switzerland, December, 2005
IEC TR 60479 – 5 Edition 1.0	Effects of current use on human beings and livestock – Part 5: Touch voltage threshold values for physiological effects
ISO 2631 – 1:1997	Mechanical vibration and shock – Evaluation of human exposure to whole – body vibration – Part 1: General requirements
ISO 6954:2000	Mechanical vibration – Guidelines for the measurement, reporting and evaluation of vibration with regard to habitability on passenger and merchant ships
ISO 13407	Human – centered design processes for interactive systems
VESA FPDM 2.0	Video Electronics Standards Association (VESA) Flat Panel Display Measurements (FPDM) Standard Version 2.0 (June 1, 2001), www. vesa. org

附录 B　缩略语

该附录目的是提供指导。有关缩略词的详细说明见下表。

～	近似于,大约
β	风险伤害标准
°	度
Δ	delta(变化)
=	相等的
>	大于
≥	大于等于
<	小于
≤	小于等于
—	负的
μ	mu,微米
Ω	欧米伽,欧姆
%	百分数
+	加
±	加减
θ	西塔,入射角
A	安培
A/m	安培每米(磁场强度的国际标准单位)
AC	交流电
ACGIH	美国政府工业卫生学家会议
AGARD	航天研究和发展咨询组
ALARA	合理可行尽量低的原则
ANSI	美国国家标准协会
ASHRAE	美国供热、制冷和空调工程师协会

续表

B/W	黑和白
BEI	生物暴露指数
BET	模糊边缘时间
bpm	每分钟心跳次数
Btu	英制热量单位
℃	摄氏度
cal	卡路里
cd	坎德拉,发光强度单位
CDO	认知缺陷发作
CFU	菌落形成单位,菌落
CIE	国际照明委员会
cm	厘米
Cn	噪声暴露分钟
CO_2	二氧化碳
COAS	乘组光学对准系统
D	噪声剂量
DB	干球
dB	分贝
dBA	调整分贝
DC	直流电
DCS	减压病
deg	度数
DMS	显示测量标准
DNA	脱氧核糖核酸
E	彩色电场强度之间的感知距离
EAWG	大气探测工作组织
ECG	心电图
ECLSS	环境控制与生命保障系统
EER	估计的能量需求

续表

EMU	舱外机动装置
EOM	结束任务
EVA	舱外活动
F	华氏
f	频率
f_G	千兆赫频率
f_M	兆赫单位的频率
FPDM	平板显示器测量
ft	英尺
G	重力常数
g	克
g	重力(重力等于 9.8 m/s^2)
gal	加仑
GET	高斯边缘时间
GCR	银河系宇宙射线
GHz	千兆赫
GUI	图形用户界面
H	磁场强度
HDBK	手册
HeNe	氦-氖
HEPA	高效空气粒子过滤器
HIDH	人整合设计手册
HMTA	健康与医疗技术管理局
hr	小时
HUD	平视显示器
Hz	赫兹
ICDM	国际显示器计量委员会
IEC	国际电工技术委员会,国际电子技术委员会
IEEE	美国电机及电子工程师学会

续表

in	英寸
IR	红外线
IRD	信息要求文件
ISO	国际标准化组织
ISS	国际空间站
IVA	舱内活动
J	焦耳
JSC	约翰逊航天中心
k	千
kcal	千卡,大卡(热量单位)
kg	千克
kHz	千赫兹
kJ	千焦耳
km	千米
kPa	千帕
L	公升
LADTAG	月球大气粉尘毒性评估组
lb	磅
LEO	近地轨道
LiOH	氢氧化锂
L_n	噪声暴露事件声级(dBA)
LOC	乘组伤亡
LOM	任务失败
m	米
mA	毫安培
ma	最大电流
Max	最大量
mg	毫克
MHz	兆赫

续表

MIL	军事的,军用的
min	分钟
mL	毫升
mm	毫米
MMH	单甲基肼
mmHg	毫米水银汞柱
mol	摩尔
MORD	医学操作要求文件
MPE	最大容许暴露
ms	毫秒
MSDS	材料安全数据表
N	在 24 小时期间噪声暴露事件数量
N_2	氮气
N/A	不适用
NASA	美国国家航空航天局
NC	噪声标准值,正常条件下的
NIOSH	全国职业安全与保健学会
nm	纳米
NPD	NASA 政策指令
NPR	NASA 程序要求
NTO	四氧化二氮
NTU	比浊法浊度单位
O_2	氧气
oz	盎司
Pa	帕斯卡
PCU	铂-钴单位,铂系金属
PDA	个人数字助手
PEL	容许暴露限值
pH	溶液酸碱度

续表

pp	分压
$ppCO_2$	二氧化碳分压
ppO_2	氧分压
PPE	个人防护装备
psi	磅每平方英尺
psia	每平方英尺绝对磅
Q	热量
REID	暴露致死风险
RF	射频
RH	相对湿度
RMS	均方根
rpm	转每分
s	秒
S	功率密度,电力密度
SA	情景意识
SAS	航天适应综合症
SCUBA	水中呼吸器,水下自控呼吸器
sec	秒
SFC	单故障条件
SI	国际单位制,公制
SID	信息显示学会
SIL	语音干扰水平
SMAC	航天器舱内最大容许浓度
SP	特种出版物
SPE	太阳粒子事件
SPL	声压级水平
SRD	系统要求文件
SSP	空间站项目
STD	标准

续表

SWEG	航天器水暴露准则
TLV	阈值限值
TM	技术备忘录
T_n	持续可允许最大噪声暴露时限
TON	嗅阈值
TTN	味阈值
TWA	时间加权平均
VESA	视频电子标准协会
u'v'	均匀色度量表(CIE 15. 2，Colorimetric 2nd ed. Commission International d l' Cellarage， Vienna Austria 1986)
μm	微米
V	伏特
V/m	伏特每米
V_u	排尿量
W	瓦特
W/m^2	瓦特每平方米
y	年

附录 C　定义

该附录旨在提供指南，使下列定义可用。

活动中心：一个供人活动的特殊的场所，例如提供个人卫生、体内废物、食品、睡眠、垃圾、存储、锻炼措施等的场所。

视野敏锐区：视野敏锐区至少占最大视角的一半，大约为 3°。

公告：显示安全或正常设置的信息、显示基本设备的安全或正常操作信息、或常规行动通知。

情感：可观察到的、代表主观体验感觉状态的表情（心情、精神）行为。常见情感的示例是伤心、害怕、喜悦和生气。在不同的文化、甚至在相同文化背景下，正常表达情感程度也相当得不同。

所有任务系统：包括地面控制中心、占据行星体的其他航天器、其他在轨运行的航天器和航天器随船携带的其他位置。

人类起源学：由于人类的出现引起的或产生变化的学科。

人体测量学：人体、人体某部分和功能性能测量的科学，包括长度、体围、体重等。

衰减：声音力度和强度的降低。

自动的：为某一功能、操作、程序或设备所固有的，在特定条件下无需乘组进行干涉。

自动化：1）通过自动的方式执行的程序；2）使得程序更加自动化的理论、技巧或技术；3）使处理流程自动、自我行动或自控的方法的调查、设计、开发以及应用过程。

生物力学：涉及肌肉活动原理和关系的研究。

模糊边缘时间（BET）：在电子显示器上，特别是液晶显示器，运动图像模糊点数量的测量。该度量标准在 ICDM-DMS 1.0 中被详细说明。

身体参照界面：人体动态运动的控制界面，比如虚拟环境。

广谱：预见到来自于所有预期的非正常事件的、足够数量的、目标化合物的列表或频谱。

能力：操作所需要的属性（比如身体的或认知的）。

灾难：1）可能导致灾难发生、使人员受到致命伤害、使一个或更多主要飞行器部件或地面设备损失的风险；2）可导致人员死亡或永久伤残、主要地面系统或设施毁坏、任务期间乘员伤亡、主要系统或飞行器损坏的情形（NPR 8715.3，《NASA 安全项目通用要求》）。

警告：需要注意但又不必即刻作出反应的事件的通知。

清楚的观察口：不被窗框或其他妨碍光线入射的结构所遮挡的窗户区域。

认知的：属于感觉、学习、记忆、理解、判断和推理的心理过程所固有的。

辨色能力：标准观测条件下，在色彩跨度范围内辨别各种色彩的能力。国际照明委员会（CIE）已经确定了明确两种色彩间的感知距离的 ΔE 的单位。

污染：表现为由于不适宜地采用了不健康或不良的，通常为异质成分的引入或沉积。

意外事故：在风险分析过程中被确定的非正常状态，有预先计划的响应来降低乘组和/或飞行器的风险。

对抗措施：人在航天飞行中身体、生理和心理不良反应的弥补手段。

乘组：任务期间飞船或居住舱内的人员。

乘员工作站：飞船或居住舱内乘组执行一个行为的场所。

危急的：可能引起严重的伤害、职业病或设施、系统或飞行硬件等主要财产的损坏的（NPR 8715.3）情形；也是至关重要的、关键的或不可缺少的基本要素，例如"关键的"设计参数。在该标准中多次使用包括"危急的"（同上定义）和"灾难的"的定义。

减压：压缩空气从飞船或居住舱释放到真空空间时发生压力降低的行为或过程。

　　减压病：当空气压力快速降低，导致溶解在血液和其他身体组织中的气体形成气泡［通常是氮（N_2）］时，所引起的疾病。

　　功能失调的乘员（失调）：例如骨骼肌、心血管、前庭以及神经系统生理系统功能降低，与重力降低适应有关。

　　漫反射系数：如光或其他类型波的入射电磁辐射部分，来自某一反射表面的、在所有方向上某一特定波长波段范围内均匀反射，与入射波或光线的入射角无关。一个真正的漫射（Lambertian）在各个角度看都有相同的亮度（看起来有相同的亮度），跟发射源相对于反射表面的方向无关。这种类型的反射与物体的不光滑或"平直"处理相关联，与镜面反射形成对比。大多数表面呈现的是镜面反射和漫反射反射的结合。

　　显示：任何提供乘员视觉、听觉和/或触觉信息的物品，例如，标签、布告、色调或显示装置。术语"显示"包括文字用户界面，也包括图形用户界面（GUIs）。

　　显示装置：给乘组或地面操作人员显示视觉、听觉和触觉信息的硬件。显示设备包括计算机监视器和个人数字助手（PDAs）。

　　通道：一个带有可操作的盖子（比如一个门）、将两个相邻空间分开的通路，该通路允许人的身体或和材料从一个空间通行到另一个空间。

　　有效屏蔽阀值：恰好听得见的、超过周围环境噪声的听觉危险信号水平，考虑了在单一信号接收区的环境噪音和听力缺失（听力保护、听力损失、其他屏蔽效果）的声学参数。计算屏蔽阀值的方法已在 ISO 7731：2003（E）附录 B 中给出。

　　错误：不是人员有意识或想要做的行为；或人员在准确性、操作顺序以及时间等特定限制条件下执行规定的行为发生失误而不能产生预期结果，并可能导致或有可能导致一个不想要的结果。

　　紧急情况：时间非常关键的事件，需立刻采取行动和乘员逃生。

　　应急设备：在事情发生后，直接威胁乘组或载人航天器安全时，用于降低或控制风险的一套（硬件和/或软件）组件。例如灭火系统和灭火器、应急呼吸装置和乘组逃逸系统（NPR 8705.2）。

　　专用应急控制器：仅在应急情况时使用的专用控制装置，例如弹射、中断。

　　装备：所有用于完成任务或行为的物品，比如工具。

　　舱外活动：在加压的飞行器或居住舱（航天飞行或目的地表面时）之外由着航天服的乘员执行的作业。也包括在非加压的飞行器或居住舱内部执行的应急行动。

　　疲劳：劳动、努力工作或精神有压力时出现的疲倦、筋疲力尽或注意力降低。也可能由于缺乏睡眠、生理周期变化、沮丧、厌倦或疾病导致。其可能导致执行任务所需的智力或体力能力降低。

　　观察范围：观察者通过眼睛和头部移动能观察到的、固定的角度范围。

　　视野：某一时间点眼睛不动时能观察到的固定的角度范围，大约是水平 150°与垂直 125°。当两只眼睛一起使用时，水平角范围扩大到约 190°。

　　窗口视野：可用的眼睛、头和身体移动的综合情况下，至少使用一只眼睛透过窗户能直接观察到的所有点。人从窗口观测到的视野范围受眼睛周围和/或位于眼前物品的限制，比如乘员戴的头盔、窗棱等其他障碍物。不同飞行阶段和操作任务中可实现的动作也不同，并且取决于现有的移动束缚，比如穿着航天服、坐姿状态和/或被束缚以及出现重力负载状态。至于视线的情况，比如污染物附着和羽化、舷窗外任何高于窗框最外侧平面之上的部位均应考虑在窗户的视野之内。

　　高斯边缘时间（GET）：电子显示器内的运动模糊点数量测量方法，特别是液晶显示器。这个度量单位在 ICDM-DMS1.0 Gaussian 中定义。

　　地面乘组：在飞行前、飞行中、表面和飞行后操作期间，来自于地面的一个或更多乘员组成的支持团队。

　　适居性：居所或住处合适的生存状态。满足居住者健康、安全、操作及满意性的需要。

居住舱：具备维持乘员生命的必要条件、可使乘员有效履行职责的一种航天器，通常是不移动的。

可居住空间：加压空间中除去所有安装硬件和系统所占据的空间后剩余的空间。

硬件：设备单个组件，包括但又不限于紧固件、仪表板、管件、开关、开关防护装置和配线。

舱口：使用可操作、可密封的盖子，将舱划分为两个相邻的空间，允许人体通行和/或物资从一个空间到另外一个空间（例如两个独立的加压航天器之间，其是相互匹配的，或从航天器的里边到外边或反之亦然）。一个舱口由两部分组成：舱口（自我开放的）和舱口盖（关闭舱口并提供航天器的结构支持部分）。耐压舱口在舱口关闭时，一边的压力可与另一边的不同。有时，术语"舱口"用于替代舱口盖。然而在该标准中，仍使用的"舱口盖"。

人因：有关理解人与系统其他元素之间交会作用的科学准则，是有关于应用理论、原理、数据和其他使人的生活保障和整个系统运行达到最优状态的专业。

脉冲噪声：1 秒或更短时间内存在的、超过背景噪声至少 10 dB 的噪声。

信息管理：使用电子数据执行功能的行为，包括系统信息输入、组织、内部处理、存储、分发、保存和处理。信息管理功能是乘组和地面人员使用显示装置上显示器的典型操作。

可解释：可被人解释或表述含义，可转化为可理解或熟悉的语言或术语。

电离辐射：可将整个物品或部分物品碰撞转变成离子（带电粒子）的辐射。辐射微粒成分包括所有次原子粒子，比如质子、中子、电子、剥离电子的原子核、介子等。

舱内活动：任务期间航天器加压环境内乘组执行的操作。

线性加速度：一个质量体方向保持不变时的速度变化率。

局部垂直面：在给定的视野内，由排列一致的垂线构成的一个面，从而在乘员工作站边界提供一个视野范围内的限定界限。在飞船内，一致的局部垂直线是非常有用的。

维护：使设备保持在（修复）可用状态的所有必要的行为。维护包括服务、修理、修改、更新、检查、监督、状态判定、侵蚀控制和保障产品的初始补给（MIL-HDBK-1908B，人因素术语定义）。

屏蔽阈值：超出周围环境噪声、恰好能被听见的听觉危险信号水平，要考虑到在信号接受区域的环境噪声参数及听力不足（听力保护、听力损失和其他屏蔽影响）问题。屏蔽阈值根据 ISO7731：2003，附录 B 的计算方法进行计算。

任务：为实现机构的目标或有效与机构目标有关的科学、技术或工程机会所需的主要活动。任务需求独立于任何特定系统或技术解决方案。

监控：包括质量或精确度的校验，测试确定信号是否在限值范围内，观察和观测特殊信号或目标，保持追踪、调节和控制。

实际居住空间：在航天器内，扣除配置设备、储藏、垃圾和任何其他物品所占据的空间之后剩余的可利用功能空间。

噪声：危险的、不期望出现的和/或对于可用空间不合适的听觉范围（15～20 000 Hz）的声音。在本标准中，"噪声"与"声音"可交换使用，并不是要表示任何相对或绝对危险程度或其他声学特征。

标称：在预期的、可接受的操作限值内，或与计划操作理念相一致；是正常的，令人满意的（航空航天用法）。

非电离辐射：包括三种类型电磁辐射，RF 辐射、激光和不连续的电磁辐射。

非标称：在预期的、可接受的之外或与计划操作理念不一致的操作限值；非常态的，令人不满意的（航天航空用法）。

操作：一种活动、任务或机动，包括相应的计划编制和执行。

感知：通过对感知到的信息进行提炼和处理，从而获得对周围事物了解的过程。

个人防护装备（PPE）：穿着后可将各种暴露风险减少到最低的装备。PPE包括诸如手套、脚和眼睛保护装备、听力保护装备（耳塞、耳罩）、保护帽、呼吸器和全身服等。

饮用水：适宜的、安全的或可饮用的水。

压力容积：压力壳层内的总容积。

隐私：具有一定的可接受控制水平的与他人分享（身体的、行为的或脑力的）范围，可接受水平取决于个体的背景和培训情况。

计划：由任务董事会或任务支持办公室发起的战略投资，有明确的架构和/或技术途径、要求、经费水平和管理机构。管理机构启动并指导一个或多个项目。一个项目有明确的战略方向，机构确认该战略方向至关重要。

精神运动：关于或与肌肉运动相关的、被认为是在有意识的心理活动中产生的。

反射系数：电磁辐射入射部分或其百分比，比如光或其他类型的、来自表面反射的特殊波长（也可参见"镜面反射"和"漫反射"）的波。

转动加速度：角速度变化率。

安全：从能引起死亡、受伤、职业病、设备或财产损失，或危及环境的那些情形中解脱。

感觉的：人类看、听、触摸、闻和品尝等收集信息的能力，包括感受温度、疼痛、肌肉运动知觉和保持平衡的能力。

声音品质：有助于听众主观感受的声音特性，与特定设计目标的声音适宜性相关。其特别针对那些可懂性测量不能进行量化的通信系统。

航天器：可居住的飞行舱或设备，包括但不限于轨道器、飞船、舱段、着陆器、转移飞行器、巡视器、舱外航天服和设计用于在地球大气环境外旅行或操作的居住舱。

航天飞行：从乘组在地球进入航天器、舱门关闭时开始，到当航天器返回地球、所有的乘员离开航天器接受地面人员照料时结束的全过程。在发射中止事件中，航天飞行继续直到所有乘组已经返回并接受地面人员照料的过程。

空间对比灵敏度：在标准视觉条件下，在每个空间频率内，由能被探测到的空间正弦曲线亮度光栅的最小差异的反函数确定。峰值对比灵敏度大约为 500，可见物得最高频率大约为 60 cycles/（°）。

镜面反射：一个入射波或光线像镜面一样完美的反射，如 Snell 定律描述的，来自单一引入方向的波或光线被反射进入单一射出方向表面的光线。另一方面，漫反射系数是指在宽的方向范围被反射的光线（参见"漫反射"）。最熟悉的镜面反射和漫反射之间的差别的例子是平滑和不平滑的图画或照片打印。当两者完成镜面反射和漫反射的结合展示时，平滑面和打印的照片有较大的镜面反射的部分，及不平滑的平面和打印的照片有较大漫反射部分。反向反射涂层减少了从确定的表面被反射的光线的数量。一个无覆盖层的玻璃表面的反射系数百分比约为 4，一个单个"窗格"的两个表面产生百分比约为 8。反向反射涂层将总的反射系数百分数降低约 2 或更低。

标准："标准"定义描述如下。

1)"标准"或"技术标准"术语包括如下描述：

·产品或有关加工生产方法、系统管理体系实践的通用和重复使用规则、条件、指导方针或特征。

·术语定义，组件分级，工艺规程描述，尺寸规格、材料、性能、设计或操作，材料质量和数量测量、程序、步骤、体系、服务或实现，测试方法和取样规程，安装描述和尺寸或长度测量方法。

2)"性能标准"：如上文所定义，该标准陈述对所需结果的要求，但不陈述达到结果要求的方法。性能的标准可以定义为物品功能要求、操作要求和/或界面及可互换特性；性能标准可被视为一个说明性标准，可以指定设计要求，如材料如何使用、如何达到要求以及一个物品如何创造或建造等。

3)"非官方标准"：如上文所定义，这是私营企业协会、组织或技术协会制定的标准化文件，技术协会计划、开发、建立或协调的标准、规范、手册或相关文件。

标准化：使其获得统一性。

立体深度感知：根据物体在两眼中的位置差异（不一致的）而具备的、辨别不同深度的对象的能力。

着服装：穿着用来缓解乘员所处的环境差异的服装，这些环境差异有压力、大气、加速度或温度等。"着服装"可以指穿加压的和不加压的服装。

系统：一起产生满足需求能力的功能要素的集合。要素包括完成目标的所有硬件、软件、设备、设施、人员、工艺和步骤（来自 NPR 7120.7，《NASA 信息技术和制度结构和项目管理要求方案》）。

剪裁：为特定系统推导出具体要求的过程。该过程包括两个步骤。

·选择适用的要求——在一个标准内不是所有的要求都能应用于所有系统。系统通过乘员数量、任务持续时间和操作、重力环境和舱外活动等参数确定。有些要求仅适用于某些参数。例如，任务持续时间可能影响乘员的某些功能空间，比如乘员睡眠和卫生空间。操作重力环境可能影响应用需求，比如月球表面的月球车将不满足微重力的要求。

·建立能被验证的要求——一些要求使用通用的术语，比如"有效的"。当为特定系统进行剪裁时，这些术语是用客观和可测量的数值来定义的。剪裁要求应遵循通用要求的意图。例如，特定系统分析可能指出关键任务应在 20 秒内执行完成。在剪裁的过程中，"有效的"将用"限制关键任务执行时间在 20 秒内"等词语代替。

任务：一个具体类型、部分或数量的工作，在程序中称为活动或工作的子集。

时间对比敏感度：在标准视觉条件下，每个空间频率，可被监测到的时间正弦亮度变化的最小变化度。能观察到的最高的时间频率大约为 60 Hz。

　　传输：以特定的波长穿过媒介时，光线等电磁辐射入射的百分数或比例。

　　不着服装的：在航天器内，特别是居住区，穿着的普通类型的服装，穿的可能与地面上的类似。

　　航天器/居住舱：其大气压力适合不穿服装乘员长期生存和操作的运动或静止的航天器。航天器是一个容器，通常由多种用于将人员或物品送出地球大气环境之外的要素组成（参见上述定义的"居住舱"）。包括加压环境内部或附属的所有硬件和设备。

　　视觉适应性调节：定义为眼睛通过光强度变化进行不同距离目标的聚焦。对于年轻的观察者，平均调节力大约为 15 屈光度，到 60 岁时降低到 0。

　　视觉灵敏度：定义为标准观察条件下能被辨认的最小字母。年轻的成年人平均视觉灵敏度大约为 -0.1 logMAR，但伴随年龄的增长该参数会降低。

　　非官方一致认可的标准：由国内或国际组织采用执行商定程序制定或采纳的技术标准，包括公开的、一致的和正当的程序。

　　警告：要求立即行动的事件通告。

　　波阵面：由一束波上相位相同的相邻的点连接成的面，尤其指以电磁波传播的光。

　　波阵面误差：引入与波长相关波阵面的光程总差，通常参考 632.8 nm 的氦氖（HeNe）。对于平面波而言，当波阵面扭曲使某个波阵面不再是相同相位时，就会产生误差。当波阵面不同部分以不同光程传播时，就会产生误差。平面波穿过一个理想状态的窗口时，窗口每个点的光程长度相同，波阵面保持同相。波阵面误差由孔径产生，在一个有瑕疵的窗口波阵面会扭曲，即不再保持相同的相位。波阵面误差可因表面有瑕疵（如窗口不平）或材料均匀性差（通过窗户的折射系数发生变化）造成。

　　窗户：使用透明材料能直接透过船体观察的非电子的手段；与窗口和窗组件相同，可互换使用。

窗组件：与窗户和窗口相同，可互换使用。

窗盖：一个内部无压的透明板或窗玻璃，通常与窗玻璃所使用的材料不同，比如丙烯酸或其他材料，其用来保护窗户底层压力和/或防止由于乘员的偶然接触造成窗格损坏。一个窗盖通常不是窗户组装部件的构成部分，窗盖具有的特点在 HIDH 的 8.6 节中有详细说明。非整体所需的保护性窗格可被考虑为临时使用，即一段时间后，在其光学质量降低退化低于被设计的类型程度之后可被代替。外部窗户保护设备是指像百叶窗一样的东西。

窗户滤光器：一个内部无压的透明板或窗玻璃，通常与窗格所使用的材料不同，比如聚碳酸酯或其他材料，其用于将非电离辐射过滤到安全水平。窗户滤光器不作为窗组件的构成部分。乘员不使用工具就可以将其拆除或重新安装。窗户滤光器可用作窗盖。

窗口：已装配好的窗组件，包括结构框架（含密封垫、螺钉、垫片和其他类似部件）和窗玻璃，通常用在需要保护性窗玻璃、耐久性贴膜、塑料薄膜或多层压缩膜的特定场所；本词与窗户和窗组件可互换使用。

窗户遮光板：通常指内部无压力的不透明板，用于阻隔外部光线进入乘员舱。窗户遮光板可以是窗组件的整体构成部分，也可以是非整体的构成部分，乘员无需借助工具就可轻易拆除或安装非整体构成部分的窗户遮光板，而作为窗组件整体构件的窗户遮光板还可以充当百叶窗。

百叶窗：一个可从内部遥控的外部遮盖，用于防止自然的和诱导的环境恶化，如污染、腐蚀和碰撞等。从遥控位置可以读出最外侧窗玻璃的开关指示器。百叶窗能在 10 秒内完成整个运动范围的操作。其也可作为窗户遮光板。

工作负荷：单位时间内的预计工作量。体力工作负荷指同时进行的或先后进行的单个体力活动量。同样，心理或认知工作负荷是指同时或先后进行的心理作业或活动量。